Web前端开发案例实战教程

主 编 汪 雁
参 编 黄 伟 安 龙 张旭鹏

重庆大学出版社

内容提要

本书采用项目驱动式编写思路，将知识点分块集成于每个项目之中，通过15个项目案例进行讲解。内容涉及网页设计基础、HBuilder X 工具的使用、HTML 和 CSS 基础知识、HTML5 新增标记、CSS3 新增选择器、盒子模型和 div 布局等。本书为活页式教材，每个项目均可单独拆出作为相关实训指导手册使用，并配套慕课课程，帮助读者快速学习和掌握相关技能。

本书能帮助读者掌握 Web 前端开发基本技术并快速上手实战，可作为高职院校计算机应用技术、软件技术、智能终端技术与应用等相关专业的教材，也可作为 Web 前端开发职业技能等级证书培训的参考用书。

图书在版编目(CIP)数据

Web 前端开发案例实战教程 / 汪雁主编. -- 重庆：
重庆大学出版社，2024.1
ISBN 978-7-5689-4311-6

Ⅰ.①W… Ⅱ.①汪… Ⅲ.①网页制作工具—教材
Ⅳ.①TP393.092.2

中国国家版本馆 CIP 数据核字(2023)第 255121 号

Web 前端开发案例实战教程
主　编　汪　雁
策划编辑：苟荟羽
责任编辑：鲁　静　　版式设计：苟荟羽
责任校对：关德强　　责任印制：张　策

*

重庆大学出版社出版发行
出版人：陈晓阳
社址：重庆市沙坪坝区大学城西路21号
邮编：401331
电话：(023)88617190　88617185(中小学)
传真：(023)88617186　88617166
网址：http://www.cqup.com.cn
邮箱：fxk@cqup.com.cn(营销中心)
全国新华书店经销
重庆愚人科技有限公司印刷

*

开本：787mm×1092mm　1/16　印张：17.5　字数：440千
2024年1月第1版　2024年1月第1次印刷
ISBN 978-7-5689-4311-6　定价：59.00元

本书如有印刷、装订等质量问题，本社负责调换
版权所有，请勿擅自翻印和用本书
制作各类出版物及配套用书，违者必究

前言
Foreword

  HTML5与CSS3是目前静态网页制作的主要技术，也是Web前端开发技术的基础与核心之一。2019年教育部实施"学历证书+若干职业技能等级证书"制度试点（以下简称"1+X证书制度试点"）方案，Web前端开发职业技能等级证书为首批试点证书。在工业和信息化部教育与考试中心制定的Web前端开发职业技能等级标准中，Web前端开发职业技能分为初、中、高三个等级，其中初级证书持有者具有静态网页开发能力；中级证书持有者具有动态网页设计、开发、调试、维护等能力；高级证书持有者具有复杂网页设计开发能力和Web前端架构设计规划能力。掌握HTML与CSS技术是三个等级共同的基本能力标准与知识要求。

  目前，市场上关于HTML5与CSS3的教材种类繁多，其中有不少经典的、全面的教材；但一些教材是分块讲解HTML5与CSS3，不利于学生整体掌握、应用知识，一些教材则堆砌理论，案例较少。本书编者遵循高职高专学生的学习规律，结合课程思政，融合1+X认证标准等，在本书的编写中做了一些探索和改革。本书采用项目驱动的编写思路，对标Web前端开发职业技能等级标准中HTML编写网页、CSS美化页面的要求，通过对15个项目案例展开讲解，将知识点分块集成于每个项目中。每个项目均包含学习目标、任务描述、设计思路、实施步骤、储备知识点，内容涉及网页设计基础、HBuilder X工具的使用、HTML和CSS基础知识、HTML5新增标记、CSS3新增选择器、盒子模型和div布局等。本书能帮助读者掌握Web前端开发基本技术并快速上手实战，适用于Web前端开发技术的初学者如高职高专相关专业的学生，也可作为Web前端开发职业技能等级证书培训的参考书。本书主要有以下特色。

（1）融入思政教育

  本书将红色教育与技能学习融为一体，通过学习、宣传、贯彻党的二十大精神、党史学习教育、新中国史教育、党的重要会议精神等Web页面制作的案例，将"红色教育、课程思政、立德树人"有机融合到教材中。

（2）课证融通

  本书将"1+X证书制度试点"Web前端开发职业技能等级标准的初级能力标准与知识要求作为主要目标，共设置了15个案例，其中1个为可选拓展案例，适合不同学习能力的读者。

（3）资源丰富

  本书对应的视频讲解内容已被制成微课资源，扫描书中二维码，即可打开对应案例的讲解视频；同时，还提供适用性强、起引领创新作用的多种类型的立体化、信息化课程资源，帮助读者快速学习和掌握相关技能。

（4）项目导向

  本书按照"以学生为中心、项目任务为导向、促进学生自主学习"的思路进行开发设计，弱化"理论教学材料"的特征,强化"项目开发实践"功能,项目的实施大致按照"学习目标—任务描述—设计思路—实施步骤—储备知识点"的流程来讲解,基本遵循初学者的学习规律,将案例涉及的知识点后置,初学者在完成案例后再学习相关抽象理论,实现具象到抽象的转变,如此更利于初学者对知识融会贯通、举一反三。

（5）活页式教材

本书的内容组织形式为活页式,每个项目均可单独拆出作为相关实训的指导手册使用。书中的储备知识点、案例效果及代码参考了网络开源代码。从知识架构来看,本书主要包括以下四部分内容。

第一部分为HTML5的基础知识及应用,包括准备知识以及项目1至项目4。其中,准备知识介绍网页、W3C、Web的概念,网站设计原则以及网页设计规范、网页配色；项目1介绍开发工具的使用；项目2通过制作"习近平总书记考察清华大学并发表重要讲话"新闻页面,讲解基本页面布局的知识；项目3通过制作"沁园春·雪"页面,讲解HTML5文档头部标签、文本标签、文本格式化标签及特殊字符标签的应用；项目4通过制作"党史学习教育专题网"页面,讲解列表标签、图像标签、超链接标签的应用。

第二部分为CSS的基础知识及应用,包括项目5至项目8。其中,项目5通过某学院"党建专栏"页面的制作,讲解CSS的基本知识；项目6通过某学院新闻页面的制作,讲解关系选择器、属性选择器、伪类、伪元素选择的使用；项目7通过"宏伟蓝图满怀激情 初心如磐砥砺奋进——信息工程学院师生热议党的二十大报告"新闻页面的制作,讲解盒子模型的使用；项目8通过"习近平:在庆祝中国共产党成立100周年大会上的讲话"学习页面的制作,讲解页面的浮动布局与定位布局。

第三部分为HTML5和CSS3开发基础与应用,包括项目9至项目14。其中,项目9通过制作"甘林信息多媒体中心"页面,讲解HTML5媒体标签的使用；项目10通过制作"美丽校园"网站首页,讲解HTML5新增的结构标签、分组标签、页面交互标签、语义标签的使用；项目11通过制作个人微博页面,讲解表格标签的使用；项目12通过制作"信息工程学院岗位实习调查表"页面,讲解表单标签的使用；项目13通过制作某教务网络管理系统页面,讲解框架布局页面的方法；项目14通过制作"最美天水旅游"页面,讲解CSS3中的变形与动画应用。

第四部分为选修内容,即项目15,通过一个实例讲解canvas绘图流程及方法。

本书由汪雁、黄伟、安龙、张旭鹏合作编写,其中,汪雁负责项目10至项目14的编写,并负责全书的内容统筹、章节结构设计和统稿工作；黄伟负责项目2、项目3、项目4、项目9的编写；安龙负责项目5至项目8的编写；张旭鹏负责准备知识、项目1、项目15的编写。

由于编者水平有限,书中难免存在疏漏或错误,敬请读者批评指正。

编者
2023年2月

目录 Contents

项目0	准备知识	1
	0.1 初识网页	1
	0.2 W3C概述	2
	0.3 Web相关概念	3
	0.4 网站设计原则	4
	0.5 网页设计规范	5
	0.6 网页配色	6
项目1	学习使用开发工具HBuilder X	8
	1.1 学习目标	8
	1.2 实训任务	8
	1.3 储备知识点	13
项目2	"习近平总书记考察清华大学并发表重要讲话"新闻页面的制作	16
	2.1 学习目标	16
	2.2 实训任务	17
	2.3 储备知识点	20
项目3	"沁园春·雪"页面的制作	31
	3.1 学习目标	31
	3.2 实训任务	31
	3.3 储备知识点	36
项目4	党史学习教育专题网页面的制作	45
	4.1 学习目标	45
	4.2 实训任务	45

4.3 储备知识点 ··· 55

项目 5　某学院党建专栏页面的创建 ··· 68
  5.1 学习目标 ··· 68
  5.2 实训任务 ··· 68
  5.3 储备知识点 ··· 71

项目 6　新闻页面的制作 ··· 89
  6.1 学习目标 ··· 89
  6.2 实训任务 ··· 89
  6.3 储备知识点 ··· 93

项目 7　"宏伟蓝图满怀激情 初心如磐砥砺奋进——信息工程学院师生热议党的二十大报告"新闻页面的制作 ··· 104
  7.1 学习目标 ··· 104
  7.2 实训任务 ··· 105
  7.3 储备知识点 ··· 109

项目 8　"习近平：在庆祝中国共产党成立 100 周年大会上的讲话"学习页面的制作 ··· 122
  8.1 学习目标 ··· 122
  8.2 实训任务 ··· 122
  8.3 储备知识点 ··· 127

项目 9　"甘林信息多媒体中心"页面的制作 ··· 136
  9.1 学习目标 ··· 136
  9.2 实训任务 ··· 136
  9.3 储备知识点 ··· 142

项目 10　"美丽校园"网站首页的制作 ··· 151
  10.1 学习目标 ··· 151
  10.2 实训任务 ··· 152
  10.3 储备知识点 ··· 156

项目 11　个人微博页面的制作 ··· 167
  11.1 学习目标 ··· 167

11.2 实训任务 ·· 168

11.3 储备知识点 ·· 177

项目12 "信息工程学院岗位实习调查表"页面制作 ························ 187

12.1 学习目标 ·· 187

12.2 实训任务 ·· 187

12.3 储备知识点 ·· 192

项目13 某教务网络管理系统页面的制作 ··· 210

13.1 学习目标 ·· 210

13.2 实训任务一 ··· 211

13.3 实训任务二 ··· 221

项目14 "最美天水旅游"页面制作 ··· 234

14.1 学习目标 ·· 234

14.2 实训任务 ·· 235

14.3 储备知识点 ·· 239

项目15 五角星的绘制(选修) ·· 257

15.1 学习目标 ·· 257

15.2 实训任务 ·· 258

15.3 储备知识点 ·· 266

参考文献 ··· 272

项目 0
准备知识

0.1 初识网页

网页(web page)是一个适用于万维网(World Wide Web,简称WWW,又称Web)和网页浏览器的文件,它存放在世界某个角落的某一台或一组计算机中,而这台(组)计算机必须与互联网相连。网页经由URL(Uniform Resource Locator,统一资源定位符,俗称"网址")来识别与访问。用户在网页浏览器输入网址后,经过一段复杂而又快速的程序,网页文件被传送到用户使用的计算机中,通过浏览器解释网页的内容后,再展示给用户。

0.1.1 网页的构成

为了方便了解网页的构成,我们来看这样一个例子。打开计算机中的浏览器,在地址栏中输入"https://www.sizhengwang.cn/",单击"Enter"键,随后浏览器会展示"全国高校思想政治工作网"的首页,如图0-1所示。

图0-1 "全国高校思想政治工作网"首页

由图中可以看到,网页主要由文字、图像和超链接等元素构成。除此之外,网页中还可以包含音频、视频、动画等元素。

0.1.2 静态网页与动态网页

网页有静态和动态之分。

1. 静态网页

静态网页多数为单一的超文本标记语言文件(HTML),每次用户请求访问某个静态网页,都会得到相同的内容。在网站设计期间,静态网页的内容只需创建一次,通常是手动编写的。尽管有些站点使用类似动态网站的自动创建工具,包括 Jekyll 和 Adobe Muse 等,其结果仍将长期存储为完成的静态页面。

2. 动态网页

动态网页是服务器通过应用程序服务器处理服务器端脚本生成的网页。它们通常从一个或多个后端数据库中提取内容:一些通过跨关系数据库的数据库查询,用于查询目录或汇总数字信息;另一些使用 MongoDB 或 NoSQL 等面向文档的数据库来存储更大的内容单元,例如博客文章。

在设计过程中,动态页面通常使用静态页面进行模拟或线框化。开发动态网页所需的技能比设计静态网页所需的更多,因为这同时涉及服务端设计、数据库设计和客户端设计。因此,即使是建设中等规模的动态网站项目,也通常需要团队协作才能完成。

0.1.3 数据库

随着计算机应用范围的扩大,需要处理的数据迅速膨胀。最初,数据与程序一样,以简单的文件为主要存储形式。这种数据在逻辑上更简单,但可扩展性差,访问时程序需要了解数据的具体组织格式。当系统数据量大或者用户访问量大时,程序还需要解决数据的完整性、一致性以及安全性等一系列问题。因此,有必要开发一种系统软件,能够像操作系统屏蔽了硬件访问的复杂性那样,屏蔽数据访问的复杂性,由此产生了数据管理系统,即数据库。

数据库管理系统(Database Management System,DBMS)是为管理数据库而设计的软件系统,一般具有存储、截取、安全保障、备份等基础功能。DBMS可以依据它所支持的数据库模型来分类,例如关系式、XML等;或依据所支持的计算机类型来分类,例如服务器聚类、移动设备等;或依据所用查询语言来分类,例如SQL、XQuery等;或依据性能测量重点来分类,例如最大规模、最高执行速度等;抑或采取其他分类方式。

0.2 W3C概述

W3C(World Wide Web Consortium 的缩写)中文译作"万维网联盟",又被称为 W3C 理事会,1994年10月麻省理工学院计算机科学实验室成立,建立者是万维网的发明者蒂姆·伯纳斯-李(Tim Berners-Lee)。

W3C是Web技术领域目前最具权威和影响力的国际中立性技术标准机构。截至2019年,W3C已发布了200多项影响深远的Web技术标准及实施指南,如广为业界采用的超文本标记语言(标准通用标记语言下的一个应用)、可扩展标记语言(XML,标准通用标记语言下的一个子集)以及帮助残障人士有效获得Web内容的信息无障碍指南(WCAG)等,有效促进了Web技术的互相兼容,对互联网技术的发展和应用起到了基础性和根本性的支撑作用。

W3C是通过设立网域(Domains)和标准计划(Activities)来组织W3C的标准活动的。

0.3 Web相关概念

0.3.1 互联网(Internet)

互联网是指20世纪末兴起的计算机网络及其串联成的庞大的网络系统。这些网络以一些标准的网络协议相连。互联网由从地方到全球范围内的几百万个私人、学术界、企业和政府的网络构成的,它们通过电子、无线和光纤网络技术等一系列广泛的技术联系在一起。互联网承载范围广泛的信息资源和服务,例如相互关联的超文本文件、万维网的应用、电子邮件、通话以及文件共享服务等。

互联网的前身ARPANET最初在20世纪60年代作为区域学术和军事网络连接的骨干。20世纪80年代,NSFNET成为新的骨干并得到资助,其他商业化扩展也得到了私人资助,这导致全世界网络技术快速发展,许多不同的网络合并成更大的网络。到20世纪90年代初,商业网络和企业之间的连接标志着其向现代互联网过渡。互联网在20世纪80年代中期只被学术界广泛使用,但商业化的服务和技术令其极快地融入了现代人的生活。

0.3.2 万维网(WWW或Web)

万维网WWW是World Wide Web的简称,也称为Web、3W等。WWW是基于客户机/服务器方式的信息发现技术和超文本技术的综合,也是存储在Internet计算机中、数量巨大的文档的集合。这些文档称为页面,它是一种超文本(Hypertext)信息,可以用于描述超媒体及文本、图形、视频、音频等多媒体。

超文本传输协议(Hyper Text Transfer Protocol,HTTP)是万维网的主要访问协议,万维网使用HTTP在软件系统之间进行通信和资料传输服务。

0.3.3 统一资源定位符(URL)

URL即统一资源定位符,或称统一资源定位器、定位地址、URL地址,是互联网中标准的资源地址,如同网络中的门牌。它最初是由蒂姆·伯纳斯-李发明的,作为万维网的地址,现在已经被万维网联盟编制为互联网标准RFC 1738。

URL的标准格式如下:

[协议类型]://[服务器地址]:[端口号]/[资源层级UNIX文件路径][文件名]?[查询]#[片段ID]

URL的完整格式如下:

[协议类型]://[访问资源需要的凭证信息]@[服务器地址]:[端口号]/[资源层级UNIX文件路径][文件名]?[查询]#[片段ID]

其中[访问资源需要的凭证信息]、[端口号]、[查询]、[片段ID]都属于选填项。

0.3.4 域名系统(Domain Name System,DNS)

IP地址是互联网中计算机的唯一标识,直接用IP地址就可以访问该计算机。不过,用户一般很难记住由一串数字组成的IP地址,如"113.410.13.129"。在这种情况下,研究人员提出了域名的概念。域名类似互联网上的门牌号码,是用于识别和定位连接在互联网上的计算机的层次结构式字符标识,与该计算机的IP地址一一对应,这样更有利于用户记忆和使用。为了兼顾使用,网络中需要有将IP地址与域名对应转换的服务,于是DNS应运而生。

0.3.5 HTTP

HTTP是用于从万维网服务器传输超文本到本地浏览器的传送协议,它基于TCP/IP通信协议来传递数据(如HTML文件、图片文件等)。

0.4 网站设计原则

网站(Website)是指在互联网上根据一定的规则,使用HTML(标准通用标记语言)等工具制作的、用于展示特定内容相关网页的集合。网站以服务器为载体,而服务器则是在互联网中拥有域名或地址并能提供一定网络服务的计算机主机,具有存储文件的空间。人们可通过浏览器等访问网站,并在其中查找文件,也可通过文件传输协议(File Transfer Protocol,FTP)上传、下载网站文件。

网站的设计是为了更好且舒适地展示内容,使网站的访问更加人性化,因此网站的设计需要遵循以下原则。

0.4.1 明确内容

网站内容应充分考虑网站的功能和用户的需求,并以此为中心进行设计。

0.4.2 紧抓用户

如果不能紧紧抓住用户或者不方便用户群体操作,那么这个网站的设计就是失败的。用户会因为使用不便而转向其他同类型网站。

0.4.3 优化设计

网站的设计既要突出核心内容,又要简洁明了,避免出现广告册样式的网站,那种网站的图片繁多,并且用户不容易找到所需要的内容。

0.4.4 浏览提速

大量调查显示,如果一个网页的加载时间超过15 s,那么这个网站被访问的次数就会大幅下降;加载时间超过30 s,则这个网站会被用户认为是很糟糕的网站。

0.4.5 升级维护

网站的运行状况也是需要实时关注的。服务器的性能再好,也会因访问人数过多、运行时间过长等而访问速度变慢。如果不想失去用户,就需要仔细做好网站的优化和升级工作。

0.4.6 善用导航

在小型网站中有一个著名的"三次点击原则",即在网站中获取任何一条信息都不需要点击超过三次。而对于大型网站,强制遵循"三次点击原则"并不科学,但也需要合理利用导航和工具条来改善网站的使用体验。

0.4.7 及时勘误

在网站中出现错误是很糟糕的情况,我们应当在制作网页的过程中仔细检查,尽量避免出现错误,或者在出现错误时及时更正。

0.4.8 避免长文本

在一个网站中,如果出现许多只有文本的页面,用户的体验感会变差。利用HTML开发网页,就是为了使用多元化的手段去表达内容,而长文本页面无疑是浪费资源。如果确有大量基于文本的文档,可以采用其他手段展示,如版面设计科学的PDF文件等,以便于访问者阅读。

0.4.9 命名简洁

一个优秀的网站是需要大量资源去维护的,而使用简洁明了的命名规则,可以给后期运维和排错带来极大便利。

0.5 网页设计规范

0.5.1 网页规范

为适应目前大多数的计算机屏幕,网页宽度宜设为1 920像素(pixel,缩写为px),高度不限。其中,有效可视区宽度为950~1 200 px,具体尺寸根据项目、客户要求以及用户群决定。

0.5.2 字体规范

中文常用字体:宋体、微软雅黑。
英文常用字体:Times New Roman、Arial、Sans。

1.中文常用字号

导航文字大小:14 px、16 px、18 px、20 px;

正文内容：12 px、14 px；
标题：22 px、24 px、26 px、28 px、30 px；
辅助信息：12 px、14 px。

2.英文常用字号

标题和内容文字：10~16 px；
中英文结合：最小12 px；
全英文网站：最小10 px(比如底部信息)。

0.5.3　网页页面等级

1.首页

进入网站看到的第一个页面，包括徽标(logo)、公司名称、导航、主视觉区(banner)、新闻、相关信息、底部信息等内容。在首页，主视觉区一般是五个；需要注意的是，网站的首页只能有一个。

2.二级页面

从首页点击进入的页面叫作二级页面。

3.三级页面

从二级页面点击进入的页面叫作三级页面。

0.5.4　网页常见板块划分

1.头部区域(top或header)

头部区域主要包含徽标、主导航、搜索、注册、登录、版本等信息。

2.主视觉区(banner)

主视觉区主要包含展示公司品牌形象、新品宣传、主题活动等的轮播大图。

3.主要内容区(main)

主要内容区主要包含新闻动态、产品与服务、公司介绍等信息。

4.底部信息区(footer)

底部信息区主要包含网站地图、联系方式、版权信息、ICP备案号等信息。

0.6　网页配色

网页设计得好不好，色彩是重中之重的因素。网站配色也有相应原则，这是Web前端技术中需要不断学习的内容。网站配色除了要考虑网页自身的特点外，还要遵循相应的配色原则，避免盲目地使用色彩造成视觉过于杂乱。网页配色原则包括使用网页安全色和遵循配色方案。

0.6.1 使用网页安全色

网页安全色是指在不同的硬件环境、不同的操作系统、不同的浏览器中都能正常显示的颜色集合。使用网页安全色进行配色，可以避免原有的色彩失真。传统经验是，以256色模式运行时，网页安全色是指216种常见颜色的十六进制值组合，即颜色代码中含有99、66、33、00、CC或FF的十六进制值。

需要注意的是，随着显示设备精度的提高，许多网站设计已经不再拘泥于选择安全色，它们利用其他非网页安全色展现了新颖独特的设计风格，所以我们并不需要刻意地追求局限在网页安全色范围内使用颜色，而是应该更好地将安全色和非安全色搭配起来使用。

0.6.2 遵循配色方案

1.使用同类色

同类色是指色相一致，但是饱和度和明度不同的颜色。尽管在网页设计时要避免采用单一的色彩，以免产生单调的感觉，但通过调整色彩的饱和度和明度也可以产生丰富的色彩变化，使网页色彩不再单调。

2.使用邻近色

邻近色是12色相环上间隔30°左右的颜色，色相彼此近似、冷暖性质一致。邻近色之间往往你中有我、我中有你。例如朱红色与橘黄色，朱红色以红色为主，里面含有少量黄色；而橘黄色以黄色为主，里面含有少量红色。朱红色和橘黄色在色相上分别属于红色系和橙色系，但是二者在人眼视觉上很接近。采用邻近色设计网页可以使网页色彩和谐统一，避免杂乱。

3.使用对比色

对比色是24色相环上间隔120°~180°的颜色。对比色包含色相对比、明度对比、饱和度对比等，例如黑色与白色、深色与浅色均为对比色。对比色可以突出重点，产生强烈的视觉效果。在设计时以一种颜色为主题色，对比色作为点睛色或辅助色，可以起到画龙点睛的作用。

项目1
学习使用开发工具 HBuilder X

1.1 学习目标

①了解网页开发的工具。
②熟练进行网页开发工具 HBuilder X 的操作,其知识导图如图1-1所示。

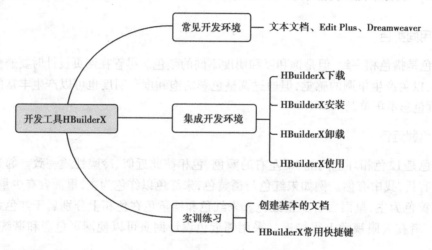

图1-1 开发工具 HBuilder X 知识导图

1.2 实训任务

1.2.1 实训内容

网页开发工具多种多样,如记事本、Edit Plus 等文本编辑软件,也有专门针对网页开发的 Dreamweaver、HBuilder X 等。本项目主要完成以下内容:
· HBuilder X 环境的下载及配置。
· 第一个网页的制作及运行。

1.2.2 实施步骤

1.步骤一

打开浏览器,输入网址 https://www.dcloud.io/HBuilder X.html,在打开页面下载 HBuilder X 软件安装包。

项目1　学习使用开发工具HBuilder X

2.步骤二

①先解压安装包并进行设置，如图1-2所示。

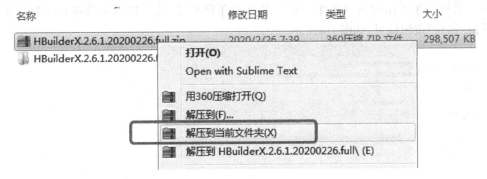

图1-2　解压安装包

②然后创建桌面快捷方式，如图1-3所示。

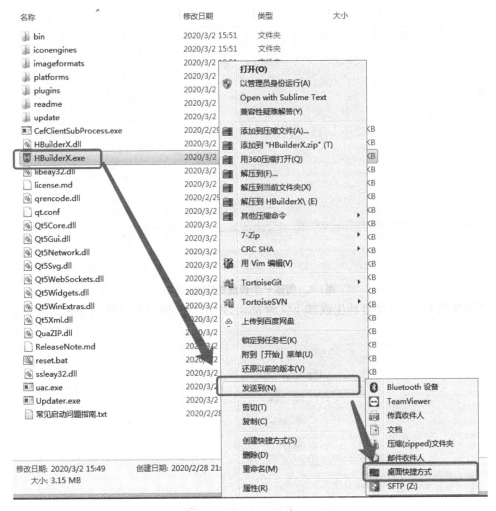

图1-3　创建软件的桌面快捷方式

3.步骤三

运行 HBuilder X 软件,创建一个普通 HTML 项目。其操作流程为:依次单击菜单"文件→新建→项目",在弹出的窗口中填写项目名称和存储路径,选择模板为基本 HTML 项目,点击右下角"创建"按钮即可,如图 1-4 所示。

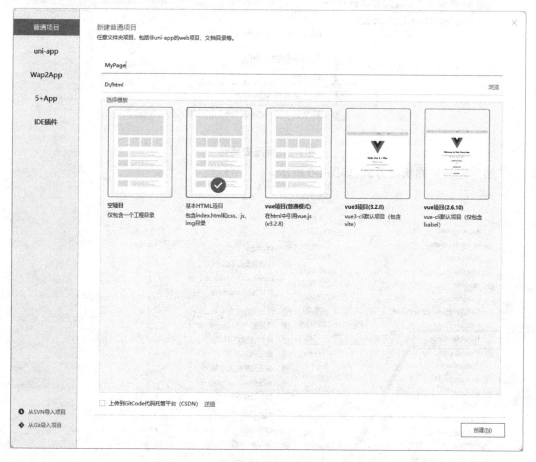

图 1-4　创建一个普通的 HTML 项目

创建成功后,系统会自动生成如下文件框架,用来存放项目所需要的各种文件,如图 1-5 所示。

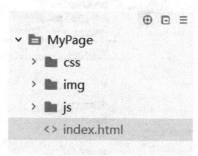

图 1-5　系统自动生成的文件框架

4. 步骤四

点击"index.html"文件,完成如下代码的添加。

```html
<!DOCTYPE html>
<html>
    <head>
        <meta charset="utf-8" />
        <title>我的第一个页面</title>
    </head>
    <body>
        <p>这是我的第一个网页</p>
        我要告诉世界:我爱我的祖国。
    </body>
</html>
```

5. 步骤五

配置浏览器,依次单击菜单"运行→运行到浏览器→配置web服务器",如图1-6所示。

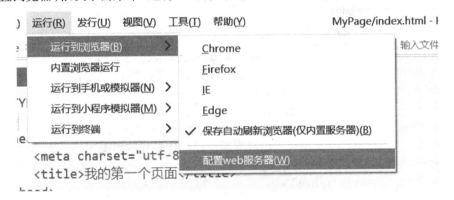

图1-6　配置web服务器的打开方式

找到浏览器运行配置,将自己的路径配置到软件中,如图1-7所示。

图1-7　配置浏览器的窗口

6. 步骤六

运行程序,可以采用如下两种方法来运行程序。

- 方法一:依次单击菜单"运行→运行到浏览器→Chrome或Firefox",如图1-8所示。

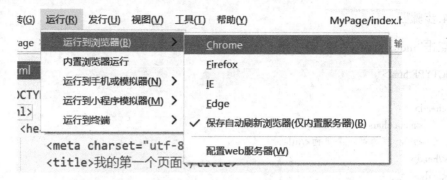

图1-8 运行菜单

· 方法二：单击文件路径左边的运行按钮，找到相应浏览器，单击即可运行，如图1-9所示。

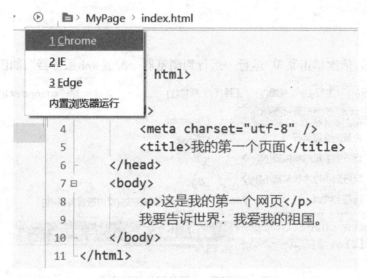

图1-9 运行到浏览器

7. 步骤七

检查网页运行结果，如图1-10所示。

这是我的第一个网页

我要告诉世界：我爱我的祖国。

图1-10 案例效果

1.3 储备知识点

1.3.1 HBuilder X界面介绍

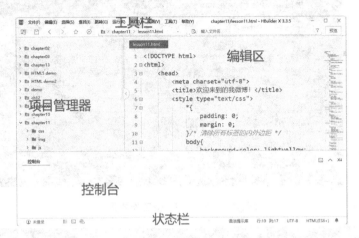

图1-11 HBuilder X界面

如图1-11所示,HBuilder X拥有十分简洁的使用界面,大致分为五个部分。
- 编辑器:编辑文件的主要区域。可以在垂直和水平方向上并排打开任意数量的编辑器。
- 项目管理器:包含诸如资源管理器之类的不同视图,可在处理项目时提供帮助。
- 工具栏:控制文件的保存、浏览器运行等。
- 状态栏:显示有关打开的项目和编辑的文件的信息。
- 控制台:可以在编辑器区域下方显示不同的面板,以获取输出或调试信息,错误和警告或集成终端。也可以向右移动面板以获得更多的垂直空间。

1.3.2 其他开发工具使用说明(选修)

1.Sublime

Sublime的全称为"Sublime Text",是一个代码编辑器,最早由程序员乔恩·斯金纳(Jon Skinner)于2008年1月开发出来。Sublime Text具有漂亮的用户界面和强大的功能,如代码缩略图、功能插件等。Sublime text还是跨平台编辑器,支持Windows、Linux、macOS等操作系统,其工作界面如图1-12所示。

2. Visual Studio Code

Visual Studio Code(简称"VS Code")是微软(Microsoft)公司在2015年4月30日的Build开发者大会上正式宣布的针对编写现代Web和云应用的跨平台源代码编辑器,可在桌面上运行,并可应用于Windows、macOS和Linux系统,其工作界面如图1-13所示。

它具有对JavaScript、TypeScript和Node.js的内置支持,并具有丰富的其他编程语言(例如C++、C#、Java、Python、PHP、Go)和运行时扩展的生态系统(例如.NET和Unity)。

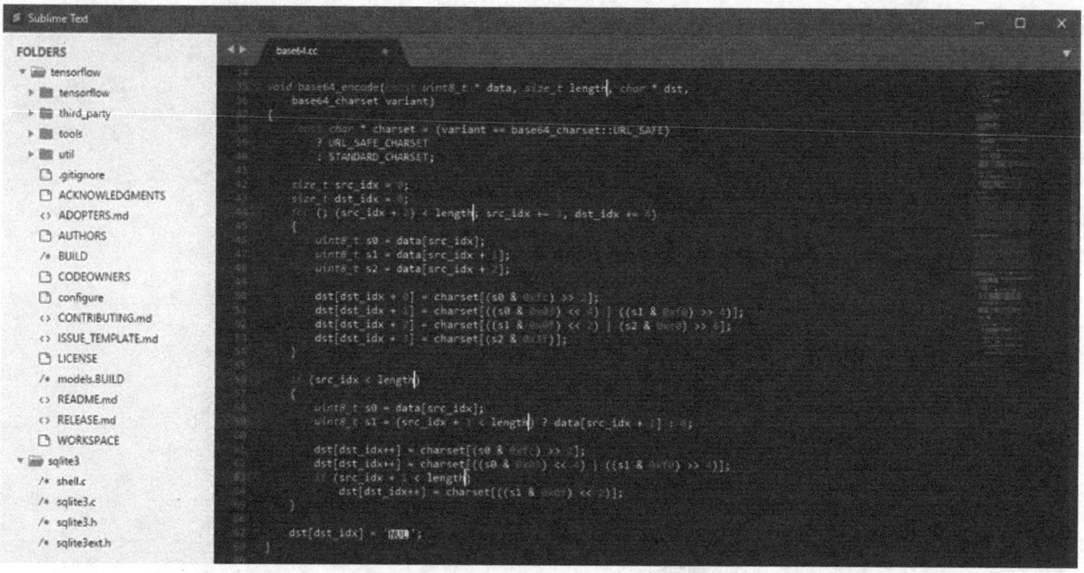

图1-12　Sublime Text工作界面

图1-13　Visual Studio Code工作界面

3. WebStorm

WebStorm是JetBrains公司旗下的JavaScript开发工具,被广大中国JavaScript开发者誉为"Web前端开发神器""最强大的HTML5编辑器""最智能的JavaScript IDE"等。它与IntelliJ IDEA同源,继承了IntelliJ IDEA强大的JavaScript部分的功能,它的工作界面如图1-14所示。

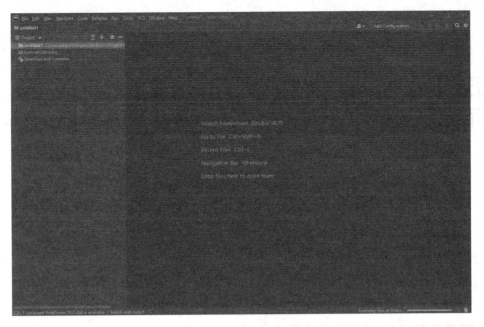

图1-14　WebStorm工作界面

4. Dreamweaver

Dreamweaver简称"DW"（中文名为"梦想编织者"），是美国Macromedia公司开发的集网页制作和网站管理于一身的"所见即所得"网页编辑器，2005年被Adobe公司收购。DW是针对非专业网站建设人员的视觉化网页开发工具，利用它可以轻而易举地制作网页，其工作界面如图1-15所示。

图1-15　Dreamweaver工作界面

项目 2
"习近平总书记考察清华大学并发表重要讲话"新闻页面的制作

2.1 学习目标

① 了解 HTML。
② 了解 HTML5 的发展历程。
③ 掌握 HTML5 的文档结构变化。
④ 掌握 HTML5 的语法变化。
⑤ 熟悉 HTML5 新增和移除的元素。
HTML5 知识导图如图 2-1 所示。

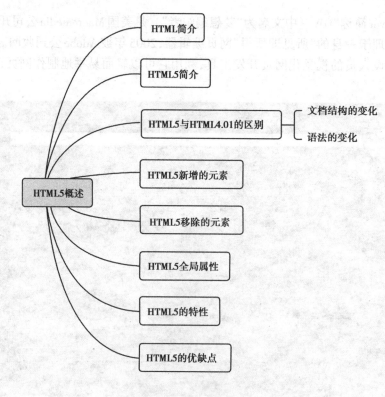

图 2-1　HTML5 知识导图

2.2 实训任务

2.2.1 实训内容

制作"习近平总书记考察清华大学并发表重要讲话"新闻页面,页面包括页头、正文、页脚三个部分。页面各部分包括如下内容:

①页头:包括"登录/注册"导航、新闻标题和水平线。
②正文:包括新闻图片和文字。
③页脚:包括新闻来源信息。
最终页面效果如图2-2所示。

图2-2 页面效果

2.2.2 设计思路

新闻页面一共包括三个部分,其中页头又分为两个部分,正文分为两个部分,页面结构如图2-3所示。

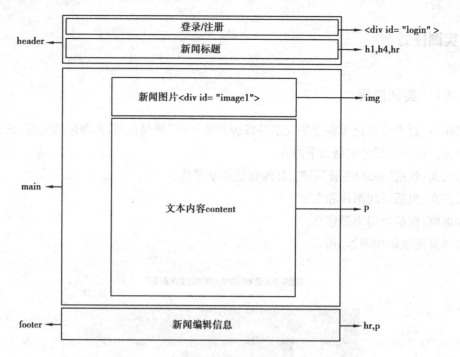

图2-3 页面结构

2.2.3 实施步骤

步骤一：创建新闻页面

①新建项目"chapter01"。

②在项目"chapter01"内创建新闻页面,并将它命名为"lesson1-after",如图2-4所示。

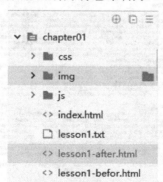

图2-4 创建新文件

③修改标题为"'习近平总书记考察清华大学并发表重要讲话'新闻页面",并使用header、main和footer标签设置页面布局。

```
<!DOCTYPE html><!-- HTML5 文档的文档声明 -->
<html>
    <head>
        <meta charset="utf-8">
        <title>"习近平总书记考察清华大学并发表重要讲话"新闻页面</title>
```

```
    </head>
    <body>
          <header></header>
          <main></main>
          <footer></footer>
    </body>
</html>
```

步骤二：添加新闻页面内容

①在header标签内添加"登录/注册"导航链接。

```
<div id="login">
<a href=#>登录</a><!-- 此处省略 href 属性值的双引号 -->
<a href=#>注册</a><!-- 此处省略 href 属性值的双引号 -->
</div>
```

②在header标签内添加新闻标题及水平线。

```
<div id="title1">
     <h1>习近平总书记考察清华大学并发表重要讲话</h1>
     <h4><time>2021-04-19 13:31:24</time> 来源：新华社微博</h4>
     <hr><!-- 添加水平线 -->
</div>
```

③在main标签内添加新闻图片。

```
<div id="image1">
      <img src=img/pic2.jpg alt="图片"><!-- 此处省略 img 属性值的双引号 -->
</div>
```

④在main标签内添加新闻文字内容。

```
<div id="content">
     <p>百年大计,教育为本。4月19日,习近平总书记考察清华大学并发表重要讲话,为我国高等教育发展和一流大学建设指明前进方向,对广大教师和青年学生提出殷切期望。<!-- 此处省略 p 结束标记 -->
     <p>全国高校师生深受鼓舞、倍感振奋。大家表示,要立足中华民族伟大复兴战略全局和世界百年未有之大变局,心怀"国之大者",把握大势,敢于担当,善于作为,为服务国家富强、民族复兴、人民幸福贡献力量。<!-- 此处省略 p 结束标记 -->
     ……
</div>
```

⑤在footer标签内添加新闻编辑信息并设置contenteditable的属性值为"true"。

```
<footer><!-- 新增结构元素 footer -->
     <hr>
     <p contenteditable="true">(责编：温璐、秦华)</p><!-- 新增 HTML5 全局属性 contenteditable -->
</footer>
```

⑥页面中相关CSS样式的设置会在后续课程中进行讲解，在此不再赘述。任务完整代码见二维码2-1。

2-1

2.3 储备知识点

2.3.1 HTML简介

1. HTML的概念

超文本标记语言HTML是用于描述网页文档的标记语言。

HTML是由万维网的发明者蒂姆·伯纳斯-李和同事丹尼尔·W. 科诺里（Daniel W. Connolly）于1990年创立的标记语言，它是标准通用化标记语言SGML的应用。用HTML编写的超文本文档称为HTML文档，它能独立于各种操作系统平台（如UNIX、Windows等）。使用HTML语言，将所需要表达的信息按某种规则写成HTML文件，通过专用的浏览器来识别，并将这些HTML文件"翻译"成可以识别的信息，即现在所见到的网页。

自1990年以来，HTML就一直被用作WWW的信息表示语言，使用HTML语言描述的文件需要通过WWW浏览器显示效果。HTML是一种建立网页文件的语言，能通过标记式的指令（Tag），将影像、声音、图片、文字动画等内容显示出来。

2. HTML简史

HTML自首次应用于网页编辑后便迅速崛起，成为网页编辑主流语言。几乎所有网页都是由HTML或者其他程序语言嵌套在HTML中编写的。

- HTML2.0——1995年11月，作为RFC 1866发布。
- HTML3.2——1996年1月14日，W3C发布推荐标准。
- HTML4.0——1997年12月18日，W3C发布推荐标准。
- HTML4.01——1999年12月24日，W3C发布推荐标准。
- XHTML1.0——2000年1月26日，W3C发布推荐标准。
- XHTML1.1——2001年5月31日，W3C发布推荐标准。
- HTML5——2014年10月28日，W3C发布推荐标准。

2.3.2 HTML5

HTML5是超文本标记语言第五代的缩写，是构建Web内容的语言描述方式。HTML5由不同的技术构成，结合了SVG的内容，运用这些技术，在网页中可以更加便捷地处理多媒体内容。

1998年W3C成员决定停止发展HTML，在HTML4.01发布之后，HTML规范长时间处于停滞状态，Web标准的焦点也开始转移到XML和XHTML上。但XHTML规范越来越复杂，并没有被浏览器厂商接受。为了支持新的Web内容，HTML迫切需要制定新的规范。在2004年，一些浏览器厂商如Opera、Mozilla等联合成立了WHATWG（Web Hypertext Application Technology Working Group，网页超文本应用技术工作组），WHATWG工作组认为XHTML并非用户所需要的，于是继续开发HTML的后续版本，并将其定名为"HTML5"。随着万维网的发展，WHATWG的工作获得了很多厂商的支持，并最终取得W3C的认可，终止了XHTML的发展。HTML研究重新启动，WHATWG工作组在之前的规范的基础上开发HTML5，并最终发布了HTML5规范,于2014年由W3C发布推荐标准。

1. HTML5文档基本格式

学习任何一门语言,都要先掌握它的基本格式,就像写信需要符合书信的格式要求一样,HTML5标记语言也不例外。接下来将具体讲解HTML5文档的基本格式。

HTML5文档的基本格式主要包括"<!DOCTYPE>文档类型声明""<html>根标记、<head>头部标记""<body>主体标记"等,具体代码如下。

```
<!DOCTYPE html><!-- 文档声明 -->
<html><!-- html 文档的文档标记,也称为 html 开始标记 -->
    <head><!-- html 的文件头标记,也称为 html 头信息开始标记,用来包含文件的基本信息,比如网页的
    标题、关键字等 -->
        <meta charset="utf-8" />
        <title></title>
    </head>
    <body><!-- 是网页的主体部分 -->
    </body>
</html>
```

(1)<!DOCTYPE>标记

<!DOCTYPE>标记位于文档的最前面,用于向浏览器说明当前文档使用的是哪种HTML或XHTML标准规范。HTML5文档中的DOCTYPE声明非常简单,只有在开头处使用<!DOCTYPE>声明,浏览器才能将该网页作为有效的HTML文档,并按指定的文档类型进行解析。使用HTML5的DOCTYPE声明,会触发浏览器以标准兼容模式来显示页面。

(2)<html></html>标记

<html>标记位于<!DOCTYPE>标记之后,也称为根标记,用于告知浏览器这是一个HTML文档。根标记通常成对出现,<html>标记标志着HTML文档开始,</html>标记标志着HTML文档结束,在它们之间则是文档的头部和主体内容。

(3)<head></head>标记

<head>标记用于定义HTML文档的头部信息,也称为头部标记。头部标记紧跟在<html>标记之后,也需要成对出现,主要用来封装其他位于文档头部的标记,例如<title>、<meta>、<link>、<style>等,分别用来描述文档的标题、作者以及和其他文档的关系等。一个HTML文档只能包含一对<head>标记,绝大多数文档头部包含的数据都不会真正作为内容显示在页面中。

(4)<body></body>标记

成对出现的<body>标记用于定义HTML文档所要显示的内容,也称为主体标记。浏览器中显示的所有文本、图像、音频和视频等信息都必须位于<body>标记内,<body>标记中的信息才是最终展示给用户看的。

一个HTML文档只能含有一对<body>标记,且<body>标记必须在<html>标记内,位于<head>头部标记之后,与<head>标记是并列关系。

2. HTML标记

在HTML页面中,带有"< >"符号的元素被称为HTML标记,如上面提到的<html>、<head>、<body>都是HTML标记。所谓标记,就是放在"< >"标记符中、表示某个功能的

编码命令,也称为"HTML标记"或"HTML元素",本书中统一称作"HTML标记"。为了方便学习和理解,通常将HTML标记分为两大类,分别是"双标记"与"单标记"。

(1)双标记

双标记也称体标记,是指由开始和结束两个标记符组成的标记。其基本语法格式如下。

<标记名/>内容</标记名>

该语法中"<标记名>"表示该标记的作用开始,一般称为"开始标记(start tag)";"</标记名>"表示该标记的作用结束,一般称为"结束标记(end tag)"。和开始标记相比,结束标记只是在前面加了一个关闭符"/"。

(2)单标记

单标记也称空标记,是指用一个标记符号即可完整地描述某个功能的标记。其基本语法格式如下。

<标记名/>

(3)注释标记

在HTML中还有一种特殊的标记——注释标记。如果需要在HTML文档中添加一些便于阅读和理解但又不需要显示在页面中的注释文字,就需要使用注释标记。其基本语法格式如下。

<!-- 注释语句 -->

需要说明的是,注释内容不会显示在浏览器窗口中,但是作为HTML文档内容的一部分,可以被下载到用户的计算机上,查看源代码时就可以看到。

3.标记的属性

使用HTML制作网页时,如果想让HTML标记提供更多的信息,例如希望标题文本的字体为"微软雅黑"且居中显示,此时仅仅依靠HTML标记的默认显示样式已经不能满足需求了,需要使用HTML标记的属性加以设置。其基本语法格式如下。

<标记名 属性1="属性值1" 属性2="属性值2" …> 内容 </标记名>

在上面的语法格式中,标记可以拥有多个属性,必须写在开始标记中,位于标记名后面。属性之间不分先后顺序,标记名与属性、属性与属性之间均以空格分开,任何标记的属性都有默认值,省略该属性则取默认值。

2.3.3 HTML5 与 HTML4.01 的区别

HTML5的出现对于Web前端开发有着非常重要的意义,其核心目的在于解决当前Web开发中存在的各种问题。一是解决Web浏览器之间的兼容性问题。在一个浏览器上正常显示的网页(或运行的Web应用程序),很可能在另一个浏览器上不能显示或显示效果不一致。二是文档结构描述的问题。在HTML4之前的各版本中,HTML文档的结构一般用div元素描述,文档元素的结构含义不够清晰。三是使用HTML+CSS+JavaScript开发Web应用程序时,开发功能受到很大的限制,比如本地数据存储功能、多线程访问、获取地理位置信息等,这些都影响了用户体验。

HTML5和以前的HTML版本比较,区别主要体现在语法的变化,增加和删除的元素、属性,以及全局属性等方面。

1. HTML5文档结构的变化

(1) DTD 的变化

DTD(Document Type Definition,文档类型定义)是一组机器可读的规则,它们定义 XHTML 或 HTML 的特定版本中允许有什么、不允许有什么。在解析网页时,浏览器将使用这些规则检查页面的有效性并采取相应的措施。文档类型列表见表2-1。

表2-1 文档类型列表

HTML 4.01	Strict (严格类型)	`<!DOCTYPE HTML PUBLIC "-//W3C//DTD HTML 4.01//EN" "http://www.w3.org/TR/html4/strict.dtd">`
	Transitional (过渡类型)	`<!DOCTYPE HTML PUBLIC "-//W3C//DTD HTML4.01 Transitional//EN" "http://www.w3.org/TR/html4/loose.dtd">`
	Frameset (框架类型)	`<!DOCTYPE HTML PUBLIC "-//W3C//DTD HTML4.01 Frameset//EN" "http://www.w3.org/TR/html4/frameset.dtd">`
XHTML 1.0	Strict (严格类型)	`<!DOCTYPE html PUBLIC "-//W3C//DTD XHTML 1.0 Strict//EN" "http://www.w3.org/TR/xhtml1/DTD/xhtml1-strict.dtd">`
	Transitional (过渡类型)	`<!DOCTYPE html PUBLIC "-//W3C//DTD XHTML 1.0 Transitional//EN" "http://www.w3.org/TR/xhtml1/DTD/xhtml1-transitional.dtd">`
	Frameset (框架类型)	`<!DOCTYPE html PUBLIC "-//W3C//DTD XHTML 1.0 Frameset//EN" "http://www.w3.org/TR/xhtml1/DTD/xhtml1-frameset.dtd">`
HTML5		`<!DOCTYPE html>`

① HTML4.01 规定了三种文档类型:Strict(严格类型)、Transitional(过渡类型)以及 Frameset(框架类型)。

② XHTML1.0 规定了三种 XML 文档类型:Strict(严格类型)、Transitional(过渡类型)以及 Frameset(框架类型)。

③ HTML5 只规定了一种文档类型。

(2) 字符编码的变化

在 HTML4.01 版本中,使用<meta>标记指定 HTML 文件的字母编码,代码如下。

```
<meta http-equiv="Content-Type" content="text/html; charset=utf-8">
```

在 HTML5 中,直接指定<meta>标记的 charset 属性就可以设置字符编码,代码如下。

```
<meta charset="utf-8" />
```

2. HTML5语法的变化

HTML5 的语法格式和之前的 HTML4.01 没有太大的变化,HTML5 的语法变化主要是为了兼容各种不规范的 HTML 文档,提高各浏览器之间的兼容性。这些不规范的写法可以归纳为以下几点。

①可以省略标记的元素,具体内容见表2-2。

表2-2 省略标记的3种情况

可以省略结束标记的元素	\<p\>、\<li\>、\<dt\>、\<dd\>、\<rb\>、\<rt\>、\<rtc\>、\<rp\>、\<thead\>、\<tbody\>、\<tfoot\>、\<tr\>、\<td\>、\<th\>、\<optgroup\>、\<option\>、\<colgroup\>
绝对没有结束标记的元素	\<area\>、\<base\>、\<br\>、\<col\>、\<command\>、\<embed\>、\<hr\>、\<img\>、\<input\>、\<keygen\>、\<link\>、\<menuitem\>、\<meta\>、\<param\>、\<source\>、\<track\>、\<wbr\>
可以省略全部标记的元素	\<html\>、\<head\>、\<body\>、\<colgroup\>、\<tbody\>

注意:"不允许写结束标记的元素"是指不允许用开始标记与结束标记将元素内容括起来的形式,只允许使用"\<tag/\>"的形式进行书写。例如"\<img\>...\</img\>"的书写方式是错误的,只允许"\<img.../\>"的书写形式。"省略全部标记的元素"是指该元素可以完全被省略,但即使元素的标记被省略了,元素也是以隐形的方式存在的。例如省略body元素时,在文档结构中该元素还是存在的,可以使用document.body来访问body对象。

②具有boolean值属性的元素可以省略属性值,具体见表2-3。

表2-3 具有boolean值的相关属性

XHTML	HTML5
checked="checked"	checked
defer="defer"	defer
disabled="disabled"	disabled
ismap="ismap"	ismap
multiple="multiple"	multiple
nohref="nohref"	nohref
noresize="noresize"	noresize
noshade="noshade"	noshade
nowarp="nowarp"	nowarp
readonly="readonly"	readonly
selected="selected"	selected

有些元素如果有boolean值的属性,当只写属性而不指定属性值时,表示属性值为true;如果需要将属性值设置为false,则可以不使用该属性。另外,将属性设置为true时,也可以将属性名设定为属性值,或将空字符串设定为属性值。例如,

```
<input reasonly="readonly" type="text"/>
<!-- 属性值=属性名,代表属性为 true -->
<input reasonly="" type="text"/>
<!-- 属性值=空字符串,代表属性为 true -->
<input reasonly type="text"/>
```

```
<!-- 只写属性名,不写属性值,代表属性为 true -->
<input type="text"/>
<!-- 不写属性,代表属性为 false -->
```

③允许属性值不使用引号。

在不同版本的HTML中,在指定属性值时,属性值两边的引号既可以是双引号,也可以是单引号。

HTML5又做了一些改进,当属性值不包括空字符串、"<"、">"、"="、单引号和双引号等字符时,属性值两边的引号可以省略。例如,

```
<!-- 注意观察 type 的属性值 checkbox 两边的引号 -->
    <input type="checkbox"/>
    <input type='checkbox'/>
    <input type=checkbox/>
```

④标记不再区分大小写。

基本语法格式如下:

```
<p>Hello,World!</P>
```

3. HTML5新增的元素

1999年以后,HTML4.01改变了很多,如今在HTML4.01中的几个元素已经被废弃,而这些元素在HTML5中则被删除或重新定义。

为了更好地处理今天的互联网应用,HTML5添加了很多新元素及功能,比如图形的绘制、多媒体内容、更好的页面结构、更好的形式处理等。

HTML5新增的主要元素见表2-4。

表2-4 HTML5新增的主要元素

	元素	描述
绘图元素	canvas	标记定义图形,比如图表和其他图像。该标记基于JavaScript的绘图API
新多媒体元素	video	用于定义视频
	audio	用于定义音频
	embed	embed元素用来插入各种多媒体,格式可以是Midi、Wav、AIFF、AU、MP3等
	source	source元素可以为picture、audio或video元素指定一个或者多个媒体资源
	track	用作audio元素和video元素的子级,它允许用户指定定时文本轨道(或基于时间的数据),采用WebVTT格式(.vtt文件)
新表单元素	datalist	datalist元素表示可选数据的列表,与input元素配合使用,可以制作出输入值的下拉列表
	keygen	keygen元素表示生成密钥
	output	output元素表示不同类型的输出,比如脚本的输出。在HTML4中可以用span元素替代
新的语义和结构元素	section	标记定义了文档的某个区域,比如章节、头部、底部或者文档的其他区域
	article	表示页面中的一块与上下文不相关的独立内容

续表

元素		描述
新的语义和结构元素	aside	aside 元素表示 article 元素内容之外的、与 article 元素的内容相关的辅助信息
	nav	nav 元素表示页面中导航链接的部分
	header	header 元素表示页面中一个内容区块或整个页面的标题
	footer	footer 元素表示整个页面或页面中一个内容区块的脚注。一般来说,它会包含创作者的姓名、创作日期以及创作者的联系信息
	main	用于表示网页中的主要内容
	figure	figure 元素表示一段独立的流内容,一般表示文档主体流内容中的一个独立单元。通常使用 figcaption 元素为 figure 元素添加标题
	figcaption	用于表示与图形或图例有关联的标题,通常用来定义 figure 元素的标题
	bdi	允许用户设置一段文本,使其脱离其父元素的文本方向设置
	command	定义命令按钮,比如单选按钮、复选框或按钮
	details	用于创建一个可展开折叠的元件,用户可以从中检索其他附加信息
	dialog	用于表示一个对话框或其他交互式组件
	summary	作为一个 details 元素的标题,该标题可以包含详细的信息,但是默认情况下不显示,需要单击才能显示详细信息
	mark	mark 元素主要用来实现文字的突出显示或高亮显示。在搜索结果中向用户高亮显示搜索关键词是 mark 元素的一个典型应用
	meter	meter 元素表示度量衡,仅用于已知最大值和最小值的度量,使用时必须定义度量的范围,既可以在元素的文本中定义,也可以在 min、max 属性中定义
	progress	显示某个任务完成进度的指示器,一般用于表示进度条,通常与 JavaScript 一起使用,显示任务的进度
	ruby	标记是当作注释标记使用的,可以对文本进行注音或者注释
	rt	标记定义字符(中文注音或字符)的解释或发音。rt 元素必须始终包含在 ruby 元素中
	rp	需要在 <ruby> 标记中使用,用于防止那些不支持 <ruby> 标记的浏览器,主要用来放置括弧
	time	用来表示 HTML 网页中出现的日期和时间,目的是让搜索引擎等其他程序更容易地提取这些信息
	wbr	用来定义 HTML 文档中需要进行换行的位置,与 标记不同,如果浏览器窗口的宽度足够,则不换行;反之,则在添加了 <wbr> 标记的位置进行换行

注意:这里要提到"语义化元素"这个概念。通常用 div 来完成的网页结构,一般会用 id class 来标识这些元素的用途。但是从机器搜索引擎的角度来说,它并不知道这些 div 元素具体是做什么的,因为它看不懂 id class 的意义。所以为了让机器理解这些元素的意义,就会用这些语义化标记来代替之前的 div 布局方式,这样的网页结构对搜索引擎来说更加友好,网页内容也能够更好地被搜索引擎抓取。

4. HTML5移除的元素

HTML5移除的元素包括能用CSS代替的元素、框架类元素及只有部分浏览器支持的元素,HTML5移除的元素见表2-5。

表2-5　HTML5移除的元素

移除的元素	描述
basefont	文档格式控制元素,可以使用CSS代替
big	
center	
font	
s	
strike	
tt	
u	
frame	HTML5不再支持frame框架,但HTML5支持iframe
frameset	
noframes	
applet	只有部分浏览器支持,可以使用embed元素或object元素代替
bgsound	只有部分浏览器支持,可以使用audio元素代替
blink	只有部分浏览器支持,废弃
marquee	只有部分浏览器支持,可以使用JavaScript程序代替
rb	使用ruby替代
acronym	使用abbr替代
dir	使用ul替代
isindex	使用form与input相结合的方式替代
listing	使用pre替代
xmp	使用code替代
nextid	使用guids替代
plaintex	使用"text/plian"(无格式正文)MIME类型替代

5. HTML5的全局属性

元素可以定义自己的属性,比如<a>标记定义href属性,这种叫局部属性(local attribute)。相对应地,可以通过全局属性(global attribute)为所有元素设置共有的行为,当然也可以为单独元素设置全局属性,只是这样做没有太大意义。HTML5增加了许多新的全局属性(表2-6),下面逐一介绍。

表2-6　HTML5的全局属性

属性	描述	HTML 5新增
accesskey	规定访问元素的键盘快捷键	
class	规定元素的类名(用于规定样式表中的类)	
contenteditable	规定是否允许用户编辑内容	是
contextmenu	规定元素的上下文菜单	是
dir	规定元素中内容的文本方向	
draggable	规定是否允许用户拖动元素	是
dropzone	规定当被拖动的项目/数据被拖放到元素中时会发生什么	是
hidden	规定该元素是无关的、可隐藏的,被隐藏的元素不会显示	是
id	规定元素的唯一ID	
lang	规定元素中内容的语言代码	
spellcheck	规定是否必须对元素进行拼写或语法检查	是
style	规定元素的行内样式	
tabindex	规定元素的tab键控制次序	
title	规定有关元素的额外信息	

(1) contenteditable 属性

全局属性 contenteditable 是一个枚举属性,表示元素是否可被用户编辑。如果可以,则浏览器会修改元素的部件以允许编辑。

contenteditable 有以下几种属性:

① "true":表明该元素可编辑。

② "false":表明该元素不可编辑。

③ "inherit":(默认)表明该元素继承了其父元素的可编辑状态。

例如,设置一个 ul 元素的 contenteditable 属性的基本语法格式如下,结果显示如图2-5所示。

```
<!DOCTYPE html>
<html>
    <head>
        <meta charset="utf-8" />
        <title></title>
    </head>
    <body>
        <ul contenteditable="true">
            <li>星期一</li>
            <li>星期二</li>
            <li>星期三</li>
            <li>星期四</li>
            <li>星期五</li>
            <li>星期六</li>
```

```
            <li>星期日</li>
        </ul>
    </body>
</html>
```

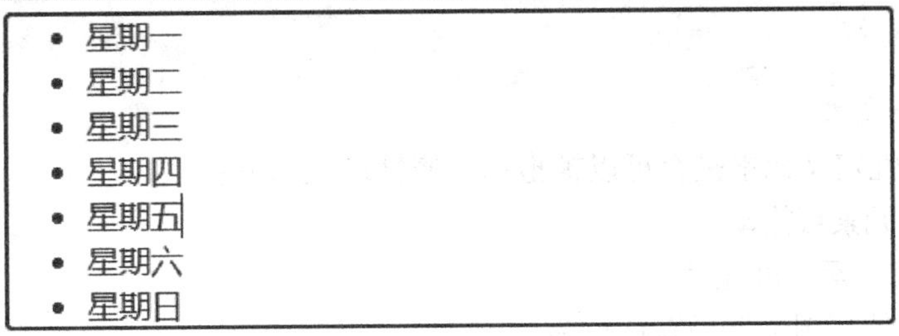

- 星期一
- 星期二
- 星期三
- 星期四
- 星期五
- 星期六
- 星期日

图2-5 测试ul元素的contenteditable属性

(2)contextmenu属性

contextmenu属性规定div元素的上下文菜单,上下文菜单会在用户右键单击元素时出现。目前的主流浏览器都不支持contextmenu属性。

(3)designMode属性

designMode属性用来指定整个页面是否可编辑,当页面可编辑时,页面中任何支持contentEditable属性的元素都会变成可编辑状态。designMode属性只能在JavaScript脚本里被编辑修改。其属性值有on和off,当该属性值为on时表示页面可编辑,属性值为off时表示页面不可编辑。

(4)hidden属性

在HTML5中所有元素都允许使用一个hidden属性,该属性是布尔值属性,可以被设定为true或false。当设为true时,元素处于不可见状态;设为false时,元素处于可见状态。

(5)spellcheck属性

该属性是HTML5对input元素与textarea元素提供的一个新属性,它的功能是针对用户输入的内容进行拼写检查和语法检查。spellcheck属性是一个布尔值属性,具有true和false值,在书写时有一个关键的地方,就是必须明确声明属性值为true或false。

例如,设置一个输入语法检查框的基本语法格式如下,其结果显示如图2-6所示。

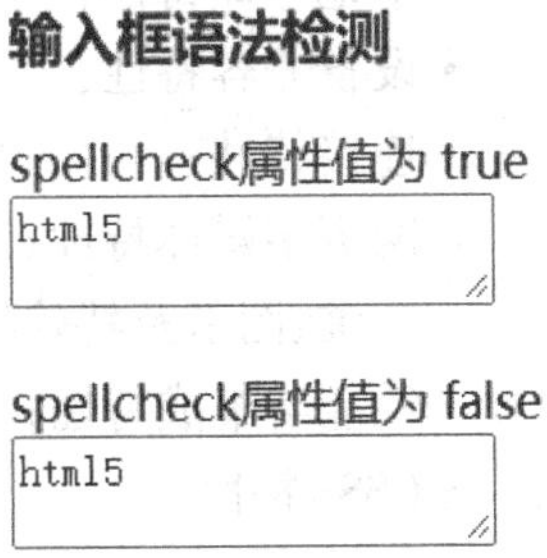

图2-6 spellcheck属性测试

```
<!DOCTYPE html>
<html>
<head>
    <meta charset="utf-8">
    <title>spellcheck 属性的应用</title>
</head>
<body>
    <h3>输入框语法检测</h3>
    <p>spellcheck 属性值为 true<br/>
    <textarea spellcheck="true">html5</textarea>
```

```
        </p>
        <p>spellcheck 属性值为 false<br/>
        <textarea spellcheck="false">html5</textarea>
        </p>
</body>
</html>
```

(6) draggable 属性

draggable 属性定义元素是否可以被拖动。属性取值如下：

①true：定义元素可拖动。

②false：定义元素不可拖动。

③auto：定义使用浏览器的默认行为。

(7) dropzone 属性

目前所有主流浏览器都不支持 dropzone 属性。dropzone 属性定义在元素上拖动数据时是否复制、移动或链接被拖动数据。属性取值如下：

①copy：拖动数据会产生被拖动数据的副本。

②move：拖动数据会导致被拖动数据被移动到新位置。

③link：拖动数据会产生向原始数据的链接。

2.3.4 HTML5 的特性

HTML5 用于取代 HTML4.01 和 XHTML1.0 标准版本，现在仍处于发展阶段，但大部分浏览器已经支持某些 HTML5 技术，同时 HTML5 也新增了很多新的特性，包括：

- 语义特性；
- 本地存储特性；
- 设备兼容特性；
- 连接特性；
- 网页多媒体特性；
- 三维、图形及特效特性；
- 性能与集成特性；
- CSS3 特性。

项目 3
"沁园春·雪"页面的制作

3.1 学习目标

①掌握 HTML5 文档的头部标记。
②掌握 HTML5 文本控制标记的使用及相关属性设置。
③掌握 HTML5 文本格式化标记的使用。
④掌握 HTML5 特殊字符标记的使用。
相关知识导图如图 3-1、图 3-2 所示。

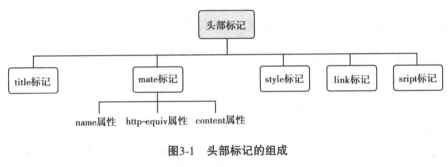

图 3-1 头部标记的组成

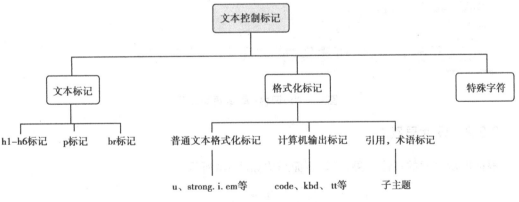

图 3-2 文本控制标记的组成

3.2 实训任务

3.2.1 实训内容

制作"沁园春·雪"一词的展示页面,页面包括页头、正文、页脚三个部分。页面各部分应包括如下内容。

(1)页头

页头包括标题和副标题。

(2)正文

正文包括词(词的内容、作者、创作年代)、译文和注释。

(3)页脚

页脚包括创作背景、内容来源。

最终页面效果如图3-3所示。

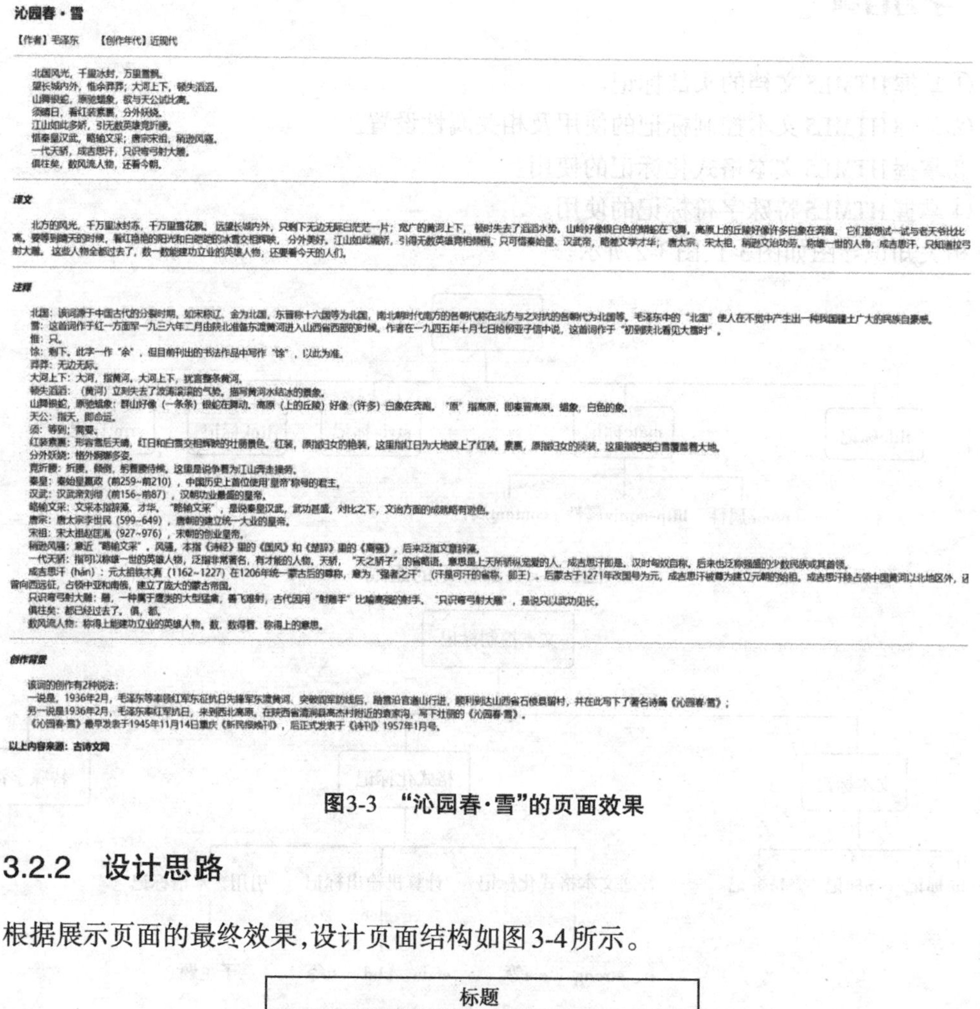

图3-3 "沁园春·雪"的页面效果

3.2.2 设计思路

根据展示页面的最终效果,设计页面结构如图3-4所示。

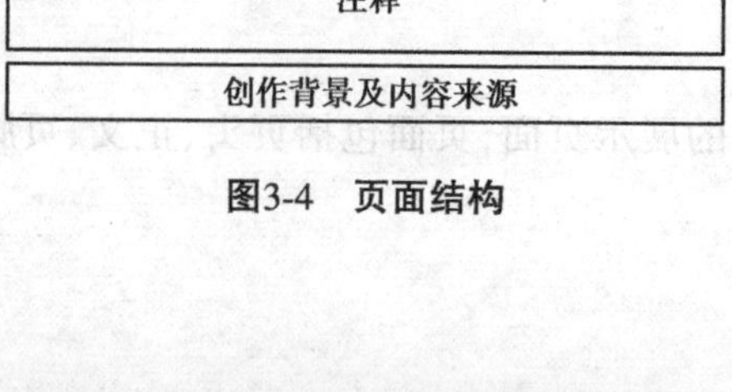

| 标题 |
| 副标题 |
| 诗词 |
| 译文 |
| 注释 |
| 创作背景及内容来源 |

图3-4 页面结构

3.2.3 实施步骤

1.步骤一:创建项目及项目页面

①打开HBuilder X,依次单击菜单"文件→新建→项目"。

②在弹出的新建项目对话框中选择普通项目,然后输入项目名称,最好使用英语,这里将项目名称设置为"pro3"。

③选择"基本HTML项目",基本项目将包含"index.html"文件和css、js、img目录。

项目创建过程如图3-5所示。

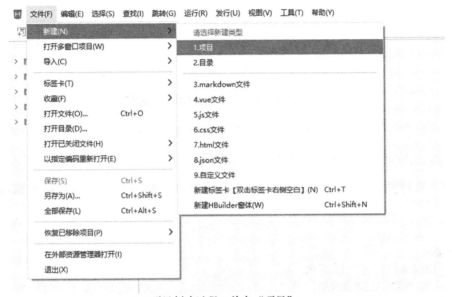

(a)项目创建过程—单击"项目"

(b)项目创建过程—单击"空项目"

(c)项目创建过程—单击"基本HTML项目"

图3-5 新建项目过程

2. 步骤二:双击"index.html"文件,开始编辑网页

①打开素材"项目三文本.txt"文件,全选文件中的文本,并将它们复制粘贴到<body>标记中。

```
<body>
    沁园春雪
    【作者】毛泽东【创作年代】近现代
    北国风光,千里冰封,万里雪飘。
    望长城内外,惟余莽莽;大河上下,顿失滔滔。
    山舞银蛇,原驰蜡象,欲与天公试比高。
    须晴日,看红装素裹,分外妖娆。
    江山如此多娇,引无数英雄竞折腰。
    惜秦皇汉武,略输文采;唐宗宋祖,稍逊风骚。
    一代天骄,成吉思汗,只识弯弓射大雕。
    俱往矣,数风流人物,还看今朝。
    译文
</body>
```

注:以上代码示例中,<body>标记对中的一部分文本内容已省略。

②将"毛泽东诗词《沁园春·雪》赏析"这段内容复制粘贴到<title>标记对之间,作为网页的标题。其中圆点符号(·)可以通过电脑安装的输入法找到,将它插入词牌名和词的标题之间。

```
<head>
    <meta charset="utf-8" />
    <title>毛泽东诗词《沁园春·雪》赏析</title>
</head>
```

③将"沁园春雪"设置为h2,同样添加圆点符号(·)。保存代码后,在浏览器查看效果。

```
<body>
    <h2>沁园春·雪</h2>
```

④使用<hr>标记将词的作者、创作年代、正文、译文、注释、创作背景、内容来源说明隔开，即在相应位置添加<hr>标记。保存代码并在浏览器查看效果。

```
【作者】毛泽东【创作年代】近现代
<hr>
俱往矣,数风流人物,还看今朝。
<hr>
译文
这些人物全都过去了,数一数能建功立业的英雄人物,还要看今天的人们。
<hr>
注释
数风流人物:称得上能建功立业的英雄人物。数,数得着、称得上的意思。
<hr>
创作背景
《沁园春·雪》最早发表于1945年11月14日重庆《新民报晚刊》,后正式发表于《诗刊》1957年1月号。
<hr>
以上内容来源:古诗文网
```

⑤将译文、注释、创作背景设置为h4标题,并加粗倾斜,使之与正文区别。保存代码并在浏览器查看效果。

```
<h4><b><em>译文</em></b></h4>
<h4><b><em>注释</em></b></h4>
<h4><b><em>创作背景</em></b></h4>
</nav>
```

⑥为词的作者、创作年代、正文、译文、注释、创作背景、内容来源说明添加段落标记<p>,保存代码并在浏览器查看效果。

```
<p>【作者】毛泽东【创作年代】近现代</p>
<p>北国风光,…………还看今朝。</p>
<p>北方的风光,…………还要看今天的人们。</p>
<p>北国:该词源于中国古代的分裂时期,……………
数风流人物:称得上能建功立业的英雄人物。数,数得着、称得上的意思。</p>
<p>该词的创作有2种说法:…………《诗刊》1957年1月号。  </p>
<p>以上内容来源:古诗文网</p>
```

注:以上代码示例中,<p>标记对中的部分文本内容已省略。

⑦在需要断行的位置添加
标记,同时在需要空格间隔的地方插入中文空格" "和英文空格" "。建议在词牌名和词标题中间的圆点两侧加入英文空格,在段首加入两个中文空格,达到首行缩进的效果。添加操作可以使用复制粘贴的方式进行。

```
<h2>沁园春 · 雪</h2>
<p>【作者】毛泽东  【创作年代】近现代</p>
<p>  北国风光,千里冰封,万里雪飘。<br />
  望长城内外,惟余莽莽;大河上下,顿失滔滔。<br />
```

至此,基本效果已经实现。

3.3 储备知识点

3.3.1 HTML5文档的头部标记

<head>标记是所有头部元素的容器。<head>标记内的元素可包含脚本,指示浏览器在何处找到样式表,提供元信息,等等。

可以添加到<head>标记中的元素有:title、base、link、meta、script和style。

1. <title>标记

<title>标记用来定义文档的标题,即在浏览器工具栏中的网页页面标题。

例如,对于以下代码,<title>标记对中的内容就是页面标题的内容。

```
<!DOCTYPE html>
<html>
    <head>
        <meta charset="utf-8">
        <title>毛泽东诗词——《沁园春·雪》</title>
    </head>
    <body>
    </body>
</html>
```

代码运行结果如图3-6所示。

图3-6 title标记效果

<title>标记定义的标题也是该页面被添加到收藏夹时默认显示的标题,如图3-7所示。

<title>标记定义的标题也是显示在搜索引擎结果中的页面标题。所有主流浏览器都支持<title>标记。

2. <base>标记

<base>标记为页面上所有相对链接规定的默认URL或默认目标。

图3-7 收藏夹效果

在一个文档中最多能使用一个<base>标记。<base>标记必须位于<head>标记内部。

注意:

· 相对链接:不需要输入完整的链接地址,而是要参考当前位置,以当前位置来确定链接地址。

· 绝对链接:需要输入完整的链接地址。

相对链接较常用于链接符号。相对于"自己"的目标文件位置,就是指相对于当前文件

（夹）的某个文件的路径。"/"表示展开当前位置的下一目录;"./"表示返回当前所在目录;"../"表示返回到父目录下,即所在目录的上级目录。

在应用中,考虑到脚本运行的顺序性,建议将<base>标记排在<head>标记中第一个元素的位置,这样head区域中其他元素也可以使用<base>标记中定义的信息。

其基本语法格式为：

<base href="http://gsfc.edu.cn" target="_blank" />

以上代码中,href与target是描述链接的必备属性,href是超级链接标识符,它的值表示地址(实例中使用的地址链接为绝对链接)。target属性规定在何处打开链接文档;_blank为它的值,表示浏览器在一个新窗口中载入目标文档。(注:对此处属性,可以在之后学习完<a>标记后再返回进行印证学习。)

3. <link>标记

<link>标记定义文档与外部资源的关系。其常见的用途是链接样式表。<link>标记必须位于<head>标记内部,可以使用多次。当我们在HBuilder X编译环境的head部分里输入link单词时,编译环境会自动补全<link>标记的最常用的连接外部的样式表写法：<link rel="stylesheet" type="text/css" href="">,其中href属性的值表示被链接文档的位置,这里需要手动填写或者选择填入,可以是相对链接,也可以是绝对链接。rel属性有很多规定值,代表了外部资源与本HTML文档的关系,这里stylesheet即表示样式表。type属性的值用来描述被链接文档的MIME类型(Multipurpose Internet Mail Extensions,多用途互联网邮件扩展类型)。(注:rel属性及type属性的其他值与具体含义可查阅帮助文档。)

4. <meta>标记

<meta>标记描述了一些基本的元数据。元数据不显示在页面上,但会被浏览器解析,通常用于指定网页的描述、关键词、文件的最后修改时间、作者及其他元数据。元数据可以被理解为对文档的一些基本属性的描述。

<meta>标记通常位于<head>标记区域内。元数据通常以"名称/值"对出现。如果没有提供name属性,那么"名称/值"对中的名称会采用http-equiv属性的值。

<meta>标记属性及值见表3-1。

表3-1 <meta>标记属性及值

属性	值	描述
charset	character_set	定义文档的字符编码
content	text	定义与http-equiv或name属性相关的元信息
http-equiv	content-type default-style refresh	把content属性关联到HTTP头部

续表

属性	值	描述
name	application-name author description generator keywords	把content属性关联到一个名称

（1）name属性

name属性规定元数据的名称，主要用于描述网页，如网页的关键词、叙述等。与之对应的属性content是对name填入类型的具体描述，通常用于搜索引擎抓取。其基本语法格式如下。

`<meta name="参数" content="具体描述">`

其中name属性的参数见表3-2。

表3-2　name属性的值

值	描述
application-name	规定页面所代表的Web应用程序的名称
author	规定文档的作者的名字
description	规定页面的描述，搜索引擎会把这个描述显示在搜索结果中
generator	规定用于生成文档的一个软件包（不用于手写页面）
keywords	向搜索引擎说明你的网页的关键词
copyright	定义文档的版权信息
robots	设定搜索引擎爬取网页的规则，可以是以下属性，多个属性使用逗号隔开： all——所有内容将被检索，且页面上的链接可以被追踪 follow——页面上的链接可以被追踪 index——网页可以被索引 noarchive——告诉爬虫，不要为本网页建立快照 noindex——链接可以被追踪，但含此标记的网页不能建立索引 nofollow——网页可以被追踪，但网页的链接不要去追踪 none——搜索引擎可以忽略该网页
revisit-after	定义搜索引擎爬取网页的时间频率

（2）http-equiv属性

http-equiv属性相当于模拟一个HTTP响应头。equiv是equivalent的缩写。它可以向浏览器定义一些有用的信息，以帮助浏览器正确和精确地显示网页内容；与之对应的属性content是对http-equiv填入类型的具体描述。其基本语法格式如下。

`<meta http-equiv="content-type|default-style|refresh">`

其中http-equiv属性的参数见表3-3。

表3-3　http-equiv属性的值

值	描述
content-ype	规定文档的字符编码,一般使用utf-8
default-style	规定要使用的预定义的样式表 注释:上面content属性的值必须匹配同一文档中的一个link元素上title属性的值,或者必须匹配同一文档中的一个style元素上的title属性的值
refresh	定义文档自动刷新的时间间隔
cache-Type	告知浏览器如何缓存某个响应及缓存多长时间。content参数有no-cache、no-store、public、private、max-age等
expires	设定网页的到期时间,过期后需到服务器上重新传输

5. <style>标记

<style>标记定义HTML文档的样式信息,即我们通常提到的内部样式。外部样式使用link设置。

<style>标记中的type属性与<link>标记中的type属性含义相同,都是规定MIME类型。

HTML5为<style>标记新增了scoped属性,其取值也是scoped。如果不设置scoped属性,那么<style>标记必须在<head>内,作用范围是整个文档;如果设置,则可以为文档的指定部分定义样式。

6. <script>标记

<script>标记经常用来嵌入脚本语言(如JavaScript)或引入外部脚本文件(如JavaScript文件)。

此部分内容详见JavaScript相关知识。

3.3.2　文本控制标记

网页中文本是最基本的内容,为将这些内容清晰、有条理、美观地显示出来,HTML5提供了一系列相关的标记,具体如下。

1. 标题标记

HTML5提供了六个等级的标题,标题依次标记<h1>至<h6>,其中<h1>定义重要等级最高的标题,<h6>定义重要等级最低的标题。它们都是双标记,用户可将作为标题的文字内容写在标记对中。其基本语法格式如下。

<hn align="对齐方式">标题文本</hn>

该语法中"n"的取值为1~6。align属性为可选属性,用于指定标题的对齐方式。align属性一共有三个属性值,left设置标题文字左对齐(默认值);center设置标题文字居中对齐;right设置标题文字右对齐。

2. 段落标记<p>

同平时写文章一样,网页上的文字会根据需要分为若干个段落,便于阅读。HTML5使用

<p>标记来标记段落,其基本语法格式如下。

```
<p>段落内容</p>
```

该语法中align属性为<p>标记的可选属性,和标题标记<h1>至<h6>一样,同样可以使用align属性设置段落文本的对齐方式。

默认情况下,标记的段落内容会根据浏览器的窗口大小自动换行。要注意的是,在<p>标记所标记的段落内容里,文本中的回车不会被浏览器解析显示,而HTML文件中的任何空白集都只会显示为单个空格。如图3-8、图3-10所示的两段代码,第一段代码段落文本中未加空格、制表位、回车等间隔符号,显示效果如图3-9所示。

图3-8　第一段代码

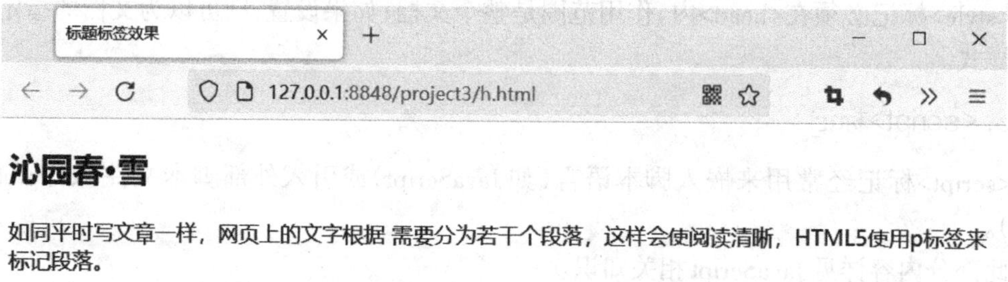

图3-9　第一段代码效果

```
 1  <!DOCTYPE html>
 2  <html>
 3      <head>
 4          <meta charset="utf-8">
 5          <title>标题标签效果</title>
 6
 7      </head>
 8      <body>
 9          <h2>沁园春·雪</h2>
10          <p>如同平时写文章一样,
11          网页上的文字根据        需要分为若干个段落,
12          这样会使        阅读清晰,HTML5使用p标签来标记段落。</p>
13      </body>
14  </html>
```

图3-10　第二段代码

第二段代码的段落文本中加了两个回车符(在代码中显示文本换行),在"根据"和"需要"之间输入了两个制表符,在"会使"和"阅读"之间加了八个空格,浏览器显示效果如图3-11所示。

图3-11　第一段代码效果

对比二者效果会发现，文本中用键盘输入的回车没有被浏览器解析所显示，它们和制表符一样都被解析显示为一个空格。

同时，多个<p>标记定义的多个段落，每个段落之间会有默认的段前、段后间距。代码如图3-12所示，显示效果如图3-13所示。

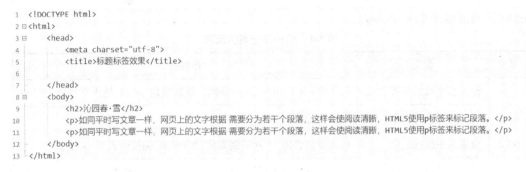

图3-12　多个段落代码

图3-13　多个<p>标记的效果

提示：可以只在块(block)内指定段落，也可以把段落和其他段落、列表、表单和预定义格式的文本一起使用。总的来讲，这意味着段落可以在任何有合适的文本流的地方出现，如文档的主体中、列表的元素里等。

3. 换行符标记

上面的例子中，用键盘输入的换行符并不会解析显示在最后的页面中，要产生换行的效果，HTML5提供了
标记，其作用为插入简单换行符。
 标记是空标记(意味着它没有结束标记)。其基本语法格式为：

与
很相似。在XHTML、XML及未来的HTML版本中，不允许使用没有结束标记(闭合标记)的HTML元素。即使
在所有浏览器中的显示都没有问题，使用
也是更长远的保障措施。

提示：
标记只是表示简单地开始新的一行，而当浏览器遇到<p>标记时，通常会在相邻的段落之间插入一些垂直间距。

4. 水平线标记<hr>

在网页中经常有所谓的"分割线"，这些"分割线"就是各种样式的水平线，可以将文字内容间隔开来，起到"另起一个主题"的作用。水平线使用<hr>标记实现。其基本语法格式如下：

```
<hr 属性="属性值" />
```

<hr/>标记是单标记，在网页中输入一个<hr/>，相当于添加了一条默认样式的水平线。<hr>标记的属性及值见表3-4。

表3-4 <hr>标记属性及值

属性	含义	属性值
align	设置水平线的对齐方式	可选择left、right、center三种值，默认取值center，使水平线居中对齐
size	设置水平线的粗细	以像素为单位，默认为2 px
color	设置水平线的颜色	可用颜色名称、十六进制取值，如#RGB，函数格式为rgb(r,g,b)
width	设置水平线的宽度	可以是确定的像素值，也可以是浏览器窗口的百分比，默认为100%

3.3.3 格式化标记

1. 文本格式化标记

多种样式的文本效果可以丰富网页页面效果，HTML5标准将结构样式行为进一步分割，主要采用CSS样式做文本格式化，但HTML5也保留了部分简单的文本格式化标记，具体见表3-5。

表3-5 文本格式化标记

标记	描述
<b>	定义粗体文本；根据 HTML5 的规范，<b>标记应该作为最后的选择，只有在没有其他更合适的标记时才使用它
<strong>	定义加重语气，有强调的作用，显示效果为加粗
<em>	定义着重文字，有强调的作用，显示效果为倾斜
<i>	定义斜体字
<small>	定义小型文本(和旁注)
<sub>	定义下标文本。下标文本将会显示在以当前文本流中字符高度的一半为基准线的位置下方，但是与当前文本流中文字的字体和字号是一样的。下标文本能用来表示化学公式，比如 H_2O

续表

标记	描述
`<sup>`	定义上标文本。上标文本将会显示在以当前文本流中字符高度的一半为基准线的位置上方,但是与当前文本流中文字的字体和字号是一样的。上标文本能用来添加脚注,比如WWW[1]
`<ins>`	定义已经被插入文档中的文本
`<del>`	定义文档中已删除的文本

以上的标记都属于短语标记。所谓短语标记是专用标记,用于指示文本块具有结构意义,执行与文本格式标记类似的特定操作。

2. HTML"计算机输出"标记

"计算机输出"标记的具体内容见表3-6。

表3-6　"计算机输出"标记

标记	描述
`<code>`	定义计算机代码
`<kbd>`	定义键盘码
`<samp>`	定义计算机代码样本
`<var>`	定义变量
`<pre>`	定义预格式文本,被包围在`<pre>`标记元素中的文本通常会保留空格和换行符,文本也会呈现为等宽字体

3. HTML引文、引用标记

引文、引用标记的具体内容见表3-7。

表3-7　引文、引用标记

标记	描述
`<abbr>`	表示一个缩写词或者首字母缩略词,如"WWW"或者"NATO"。`<abbr>`标记的title属性可被用来展示缩写词/首字母缩略词的完整版本
`<address>`	①定义文档作者/所有者的联系信息。如果`<address>`标记位于`<body>`标记内部,则它表示该文档作者/所有者的联系信息;如果`<address>`标记位于`<article>`标记内部,则它表示该文章作者/所有者的联系信息 ②`<address>`标记的文本通常呈现为斜体,大多数浏览器会在该元素的前后添加换行,`<address>`标记通常包含在`<footer>`标记的其他信息中
`<bdo>`	定义文字方向,属性dir有两个值:ltr和rtl
`<blockquote>`	定义长的引用,显示效果为缩进;其属性cite规定引用的来源
`<q>`	定义短的引用语;其属性cite规定引用的来源

续表

标记	描述
\<cite\>	定义引用、引证；定义作品（如书籍、歌曲、电影、电视节目、绘画、雕塑等）的标题
\<dfn\>	定义一个定义项目

3.3.4 特殊字符标记

作为一种程序设计语言，为了和设计语言本身相区分，HTML5与其他语言一样对特殊符号有相应的规定。常用特殊字符具体见表3-8。

表3-8 特殊字符

特殊字符	描述	字符的代码
	非断行空格	
	全角空格	
	半角空格	
	窄空格	
	零宽不连字	&zwnj;
	零宽连字	&zwj;
<	小于号	&lt;
>	大于号	&gt;
&	和号	&amp;
¥	人民币	&yen;
©	版权	&copy;
®	注册商标	&reg;
℃	摄氏度	&deg;
±	正负号	&plusmn;
×	乘号	&times;
÷	除号	&divide;
²	平方2（上标2）	&sup2;
³	立方3（上标3）	&sup3;

项目 4
党史学习教育专题网页面的制作

4.1 学习目标

①掌握列表元素的应用,熟悉列表样式的控制。
②掌握图像元素的应用及其属性设置。
③理解绝对地址和相对地址的含义。
④掌握超链接标记的应用及其属性设置。
⑤了解伪类的概念,并且能够熟练运用链接伪类控制超链接的样式。
列表、图像和超链接知识导图如图4-1所示。

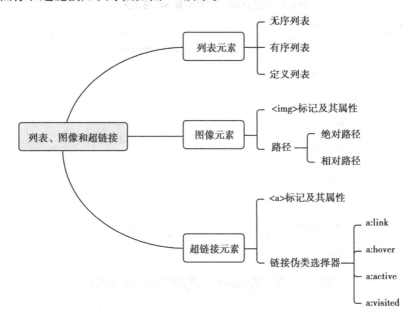

图4-1 列表、图像和超链接知识导图

4.2 实训任务

4.2.1 实训内容

本实训任务是制作"党史学习教育专题网"页面。使用图像元素、列表元素和超链接元素制作首页及其子页面,主要包含"党史学习教育专题网"首页、"习近平同志《论中国共产党历史》"子页面和"中国共产党简史"子页面。页面效果如图4-2、图4-3、图4-4所示。

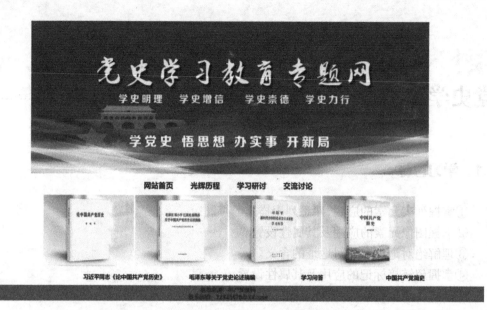

图4-2 "党史学习教育专题网"首页效果

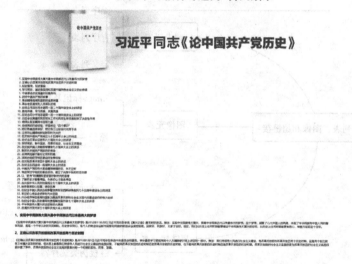

图4-3 "习近平同志《论中国共产党历史》"子页面

图4-4 "中国共产党简史"子页面

4.2.2 设计思路

整个站点共有三个页面,每个页面的具体设计思路如下。

1. 首页布局结构图

"党史学习教育专题网"首页布局一共分为三个部分:头部、主体和版权页脚,页面设计如下。

(1)头部布局结构图

头部主要分为两个部分:图片和导航,其中导航使用超链接完成,页面设计如图4-5所示。

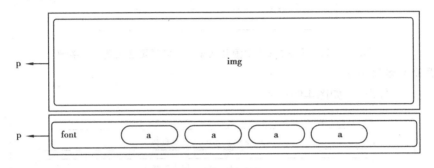

图4-5 头部布局结构图

(2)页面主体部分

页面主体主要分为上下两部分结构,其中,上面为四张图片链接,下面为四个文本链接,页面主体设计如图4-6所示。

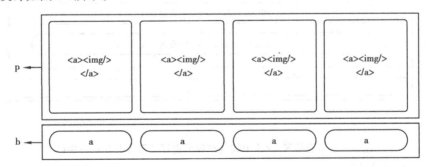

图4-6 页面主体设计

(3)页脚部分

设计包含了一个p元素和font元素,设计如图4-7所示。

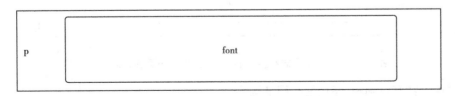

图4-7 页脚部分的设计

2."习近平同志《论中国共产党历史》"子页面布局结构图

"习近平同志《论中国共产党历史》"子页面布局一共分为三个部分：头部、主体和版权页脚，页面设计如下。

(1)头部布局结构图

在p元素中嵌套一个img元素，如图4-8所示。

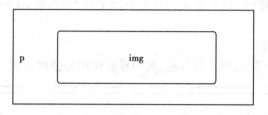

图4-8 "习近平同志《论中国共产党历史》"子页面布局——头部

(2)页面主体结构图

页面主体部分设计，如图4-9所示。

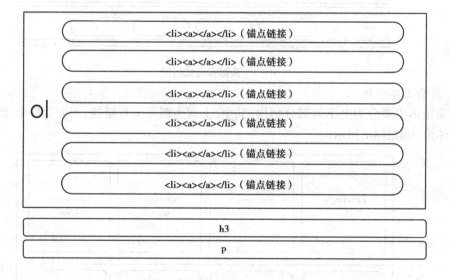

图4-9 "习近平同志《论中国共产党历史》"子页面布局——主体

(3)页脚部分结构图

页脚部分的设计包含一个p元素和font元素，如图4-10所示。

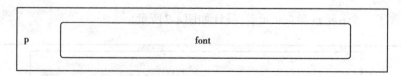

图4-10 "习近平同志《论中国共产党历史》"子页面布局——页脚

3."中国共产党简史"子页面布局结构图

"中国共产党简史"子页面布局一共分为三个部分：头部、主体和版权页脚，页面设计如下。

(1)头部布局结构图

在p元素中嵌套一个img元素,如图4-11所示。

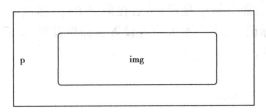

图4-11 "中国共产党简史"子页面布局——头部

(2)页面主体部分

通过ol列表完成主体部分的创建,如图4-12所示。

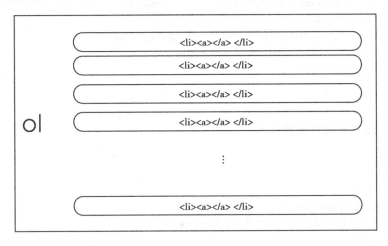

图4-12 "中国共产党简史"子页面布局——主体部分

(3)页脚部分

设计包含了一个p元素和font元素,如图4-13所示。

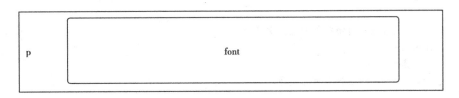

图4-13 "中国共产党简史"子页面布局——页脚

4.2.3 实施步骤

1.步骤一:创建"党史学习教育专题网"首页

(1)新建项目chapter04

(2)新建党史学习教育专题网页面

在项目chapter04内新建"党史学习教育专题网"页面,并将它命名为"lesson4.html",如图4-14所示。

图4-14 创建页面

(3)党史学习教育专题网页面的具体设置

首先设置页面标题为"党史学习教育专题网",在第一个<p>标记中插入<img>标记,给页面添加头部图片,并设置图片居中显示;然后在第二个<p>标记中添加<font>标记;接着在<font>标记中添加<b>标记,实现文本大小的设置及加粗设置;最后在<b>标记中添加四个<a>标记,完成导航链接。

```html
<p align="center">
    <img src="img/logo.jpg" alt="logo" >
</p>
    <p align="center">
    <font size="5">
        <b>
            <a href="javascript:void(0)">网站首页</a>  
            <a href="javascript:void(0)">光辉历程</a>  
            <a href="javascript:void(0)">学习研讨</a>  
            <a href="javascript:void(0)">交流讨论</a>
        </b>
    </font>
</p>
```

(4)使用CSS重置超链接的样式

```css
<style type="text/css">
    a:link{
        color: black;
        text-decoration: none;
    }/* 设置未访问链接的颜色为黑色,没有下画线 */
    a:hover{
        text-decoration: underline;
        color: orangered;
    }/* 设置鼠标经过链接的颜色为橘色,添加下画线 */
    a:active{
        color: yellow;
    }/* 设置鼠标按下时链接的颜色为黄色 */
    a:visited{
        color: gray;
    }/* 设置已访问的链接颜色为灰色 */
</style>
```

(5)设置页面的正文图片链接

在p元素中添加四个<a>标记,接着在<a>标记中添加<img>标记实现图片链接,设置图片宽度为300 px,添加<img>标记的alt属性。

```html
<p align="center">
    <a href="ls.html" target="_blank">
        <img src="img/s1.jpg" alt="习近平同志《论中国共产党历史》" width="300px"/>
    </a>
    <a href="zb.html" target="_blank">
        <img src="img/s2.jpg" alt="毛泽东等关于党史论述摘编" width="300px"/>
    </a>
```

```
            <a href="wd.html" target="_blank">
                <img src="img/s3.jpg" alt="学习问答" width="300px"/>
            </a>
            <a href="js.html" target="_blank">
                <img src="img/s4.jpg" alt="中国共产党简史" width="300px"/>
            </a>
        </p>
```

(6)设置页面的正文文本链接

在<p>标记中添加<font>标记,接着在<font>标记中添加<b>标记实现文本大小的设置及加粗设置,最后在<b>标记中添加四个<a>标记完成文本链接。

```
<p align="left">
    <font size="4">
        <b>                              <a href="ls.html" target="_blank">习近平同志《论中国共产党历史》</a>
                <a href="zb.html" target="_blank">毛泽东等关于党史论述摘编</a>
                    <a href="wd.html" target="_blank">学习问答</a>
                      <a href="js.html" target="_blank">中国共产党简史</a>
        </b>
    </font>
</p>
```

(7)设置页面页脚部分

在<p>标记中添加<font>标记,输入相应内容,对文本"12345678@××.com"添加邮件链接,设置页脚部分文本居中,并设置背景颜色为"red"。

```
<p align="center" style="background-color: red;">
    <font size="4">
        信息来源:共产党员网<br>
        联系邮箱:<a href="mailto:12345678@qq.com">12345678@××.com</a>
    </font>
</p>
```

2.步骤二:创建"习近平同志《论中国共产党历史》"子页面

(1)新建页面

在项目chapter04内新建"习近平同志《论中国共产党历史》"页面,将它命名为"ls.html",如图4-15所示。

(2)设置页面标题

设置页面标题为"习近平同志《论中国共产党历史》",在<p>标记中插入<img>标记给页面添加头部图片,设置图片居中显示。

图4-15 新建子页面1

```
<p align="center">
    <img src="img/logo1.jpg" alt="logo1">
</p>
```

(3)设置页面正文

首先使用<ol>标记添加有序列表,在每个<li>标记中添加<a>标记;其次在有序列表后添加每个列表项对应的标题和段落内容,为每个段落添加锚点标记,最后在<a>标记中设置属性href="#+id"定义锚点链接。

```
<ol>
    <li><a href="#m1" target="_blank">实现中华民族伟大复兴是中华民族近代以来最伟大的梦想</a></li>
    <li><a href="#m2" target="_blank">正确认识改革开放前和改革开放后两个历史时期</a></li>
    <li><a href="#m3" target="_blank">知史爱党,知史爱国</a></li>
    <li><a href="#m4" target="_blank">学习党史、国史是坚持和发展中国特色社会主义的必修课</a></li>
    ················· 省略部分代码 ·················
    <li><a href="#m39" target="_blank">中华民族伟大复兴历史进程的大跨越</a></li>
    <li><a href="#m40" target="_blank">在浦东开发开放30周年庆祝大会上的讲话</a></li>
</ol>
<h3 id="m1">1、实现中华民族伟大复兴是中华民族近代以来最伟大的梦想</h3>
<p>
    《实现中华民族伟大复兴是中华民族近代以来最伟大的梦想》是2012年11月29日习近平同志在参观《复兴之路》展览时的讲话。他指出:实现中华民族伟大复兴,就是中华民族近代以来最伟大的梦想。这个梦想,凝聚了几代中国人的夙愿,体现了中华民族和中国人民的整体利益,是每一个中华儿女的共同期盼。历史告诉我们,每个人的前途命运都与国家和民族的前途命运紧密相连。国家好,民族好,大家才会好。……实现中华民族伟大复兴是一项光荣而艰巨的事业,需要一代又一代中国人共同为之努力。
</p>
<h3 id="m2">2、正确认识改革开放前和改革开放后两个历史时期</h3>
<p>
    《正确认识改革开放前和改革开放后两个历史时期》是2013年1月5日习近平同志在新进中央委员会的委员、候补委员学习贯彻党的十八大精神研讨班开班式上讲话的一部分。讲话指出:我们党领导人民进行社会主义建设,有改革开放前和改革开放后两个历史时期,这是两个相互联系又有重大区别的时期,但本质上都是我们党领导人民进行社会主义建设的实践探索。……不能用改革开放后的历史时期否定改革开放前的历史时期,也不能用改革开放前的历史时期否定改革开放后的历史时期。改革开放前的社会主义实践探索为改革开放后的社会主义实践探索积累了条件,改革开放后的社会主义实践探索是对前一个时期的坚持、改革、发展。
</p>
<h3 id="m3">3、知史爱党,知史爱国</h3>
<p>
    《知史爱党,知史爱国》是2013年3月至2020年8月习近平同志讲话中有关内容的节录。他强调,历史是最好的教科书,也是最好的清醒剂。他指出:要认真学习党史、国史,知史爱党,知史爱国。要了解我们党和国家事业的来龙去脉,汲取我们党和国家的历史经验,正确了解党和国家历史上的重大事件和重要人物。
</p>
<h3 id="m4">4、学习党史、国史是坚持和发展中国特色社会主义的必修课</h3>
<p>
    《学习党史、国史是坚持和发展中国特色社会主义的必修课》是2013年6月25日习近平同志主持中共十八届中央政治局第七次集体学习时的讲话。讲话指出:学习党史、国史,是坚持和发展中国特色社
```

会主义、把党和国家各项事业继续推向前进的必修课。这门功课不仅必修,而且必须修好。他强调,在新的历史条件下坚持和发展中国特色社会主义,必须坚持走自己的路,必须顺应世界大势,必须代表最广大人民根本利益,必须加强党的自身建设,必须坚定中国特色社会主义自信。
</p>
............省略部分代码............
<h3 id="m39">39、中华民族伟大复兴历史进程的大跨越</h3>
<p>
　　《中华民族伟大复兴历史进程的大跨越》是2020年10月29日习近平同志在中共十九届五中全会第二次全体会议上讲话的一部分。他指出:进入新发展阶段,是中华民族伟大复兴历史进程的大跨越。中国共产党建立近百年来,团结带领中国人民所进行的一切奋斗,就是为了把我国建设成为现代化强国,实现中华民族伟大复兴。从第一个五年计划到第十四个五年规划,一以贯之的主题是把我国建设成为社会主义现代化国家。在这个过程中,我们党对建设社会主义现代化国家在认识上不断深入、在战略上不断成熟、在实践上不断丰富,加速了我国现代化发展进程,为新发展阶段全面建设社会主义现代化国家奠定了实践基础、理论基础、制度基础。
</p>
<h3 id="m40">40、在浦东开发开放30周年庆祝大会上的讲话</h3>
<p>
　　《在浦东开发开放30周年庆祝大会上的讲话》是2020年11月12日习近平同志的讲话。他指出:经过三十年发展,浦东已经从过去以农业为主的区域,变成了一座功能集聚、要素齐全、设施先进的现代化新城,可谓是沧桑巨变。浦东开发开放三十年取得的显著成就,为中国特色社会主义制度优势提供了最鲜活的现实明证,为改革开放和社会主义现代化建设提供了最生动的实践写照!浦东开发开放三十年的历程,走的是一条解放思想、深化改革之路,是一条面向世界、扩大开放之路,是一条打破常规、创新突破之路。
</p>

(4)使用CSS重置超链接的样式

```
<style type="text/css">
        a:link{
                color: black;
                text-decoration: none;
        }/* 设置未访问链接的颜色为黑色,没有下画线 */
        a:hover{
                text-decoration: underline;
                color: orangered;
        }/* 设置鼠标经过链接的颜色为橘色,添加下画线 */
        a:active{
                color: yellow;
        }/* 设置鼠标按下时链接的颜色为黄色 */
        a:visited{
                color: gray;
        }/* 设置已访问的链接颜色为灰色 */
</style>
```

(5)设置页面页脚部分

在p元素中添加<font>标记,输入相应的内容,对文本"12345678@××.com"添加邮件链接,设置页脚部分文本居中,并设置背景颜色为"red"。

```
<p align="center" style="background-color: red;">
        <font size="4">
```

```
            信息来源:共产党员网<br>
            联系邮箱:<a href="mailto:12345678@xx.com">12345678@xx.com</a>
        </font>
</p>
```

3.步骤三:创建"中国共产党简史"子页面

(1)新建页面

在项目chapter04内新建"中国共产党简史"页面,将它命名为"js.html",如图4-16所示。

图4-16 创建子页面2

(2)设置页面标题

设置页面标题为"中国共产党简史",在<p>标记中插入<img>标记给页面添加头部图片,设置图片居中显示。

```
<p align="center">
    <img src="img/logo2.jpg" alt="logo2">
</p>
```

(3)设置页面正文

首先使用<ol>标记添加有序列表,然后在每个<li>标记中添加<a>标记设置超链接。

```
<ol>
    <li><a href="#" target="_blank">中国共产党的创建和投身大革命的洪流</a></li>
    <li><a href="#" target="_blank">掀起土地革命的风暴</a></li>
    <li><a href="#" target="_blank">全民族抗日战争的中流砥柱</a></li>
    <li><a href="#" target="_blank">夺取新民主主义革命的全国性胜利</a></li>
    <li><a href="#" target="_blank">中华人民共和国的成立和社会主义制度的建立</a></li>
    <li><a href="#" target="_blank">社会主义建设的探索和曲折发展</a></li>
    <li><a href="#" target="_blank">伟大历史转折和中国特色社会主义的开创</a></li>
    <li><a href="#" target="_blank">把中国特色社会主义全面推向21世纪</a></li>
    <li><a href="#" target="_blank">在新的形势下坚持和发展中国特色社会主义</a></li>
    <li><a href="#" target="_blank">中国特色社会主义进入新时代</a></li>
</ol>
```

(4)使用CSS重置超链接的样式

```
<style type="text/css">
    a:link{
        color: black;
        text-decoration: none;
    }/* 设置未访问链接的颜色为黑色,没有下画线 */
```

```
       a:hover{
           text-decoration: underline;
           color: orangered;
       }/* 设置鼠标经过链接的颜色为橘色,添加下划线 */
       a:active{
           color: yellow;
       }/* 设置鼠标按下时链接的颜色为黄色 */
       a:visited{
           color: gray;
       }/* 设置已访问的链接颜色为灰色 */
</style>
```

（5）设置页面页脚部分

在<p>标记中添加<font>标记元素,输入相应内容,对文本"12345678@××.com"添加邮件链接,设置页脚部分文本居中,并设置背景颜色为"red"。

```
<p align="center" style="background-color: red;">
<font size="4">
    信息来源:共产党员网<br>
    联系邮箱:<a href="mailto:12345678@xx.com">12345678@××.com</a>
</font>
</p>
```

4.3 储备知识点

4.3.1 列表元素

列表,顾名思义就是按顺序显示内容,使网页更易读,比如某购物商城首页的商品分类条理清晰、井然有序,是列表应用的一个很好的表现形式。文字列表可以有序地编排一些信息资源,使其结构化和条理化,并以列表的样式显示出来,浏览者能更加快捷地获得相应信息。简而言之,HTML 中的文字列表就相当于文字编辑软件 Word 中的项目符号和自动编号。HTML 提供了三种常用的列表:无序列表、有序列表和定义列表。

1.无序列表

无序列表相当于 Word 中的项目符号,无序列表是项目排列没有先后顺序的列表形式,大部分网页列表都采用无序列表。无序列表通常只以符号或图标作为分项标识。无序列表的列表标记采用<ul></ul>标记,其中每一个列表项使用<li></li>,其基本语法格式如下。

```
<ul type=" ">
    <li>列表项 1</li>
    <li>列表项 2</li>
    <li>列表项 3</li>
    ......
</ul>
```

在上面的语法中,<ul></ul>标记用于定义无序列表,<li></li>标记嵌套在<ul></ul>标记中,用于描述具体的列表项,每对<ul></ul>中至少应包含一对<li></li>。

可以在一个列表中嵌套另外一个或者多个列表,并且一种类型的列表可以与任意类型的列表相互嵌套。列表的表项可以与任何HTML元素(如段落、图片、链接等)交叉定义。

无序列表中type属性的常用值有四个,它们呈现的效果不同,具体见表4-1。

表4-1　type属性值及显示效果

type属性值	显示效果
disc(默认值)	●
circle	○
square	■
None	无符号

如example3-01.html中设置了不同的type属性值,并使用嵌套的方式显示,如图4-17所示。

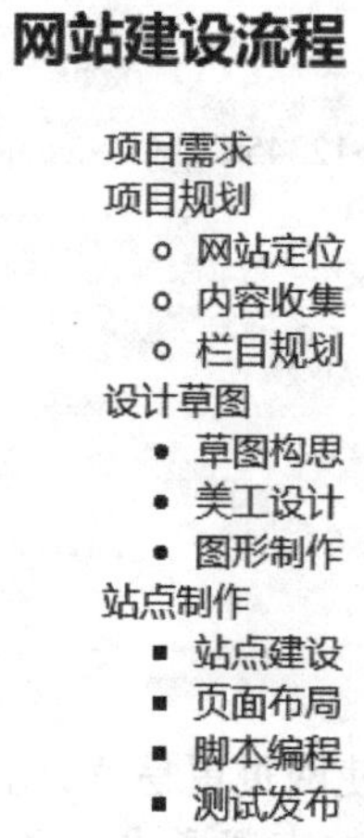

网站建设流程

项目需求
项目规划
　○ 网站定位
　○ 内容收集
　○ 栏目规划
设计草图
　● 草图构思
　● 美工设计
　● 图形制作
站点制作
　■ 站点建设
　■ 页面布局
　■ 脚本编程
　■ 测试发布

图4-17　无序列表中不同type属性值效果

2.有序列表

有序列表类似Word中的自动编码功能,也就是列表项有先后顺序的列表形式,从上到下可以有各种序列编号,如1、2、3或a、b、c等。有序列表的使用方法与无序列表的使用方法基本相同,标记符号为<ol></ol>,每一个列表项前使用<li></li>。每个项目都有前后顺序之分,多数用数字表示。其基本语法格式如下。

```
<ol type=>
    <li>列表项 1</li>
    <li>列表项 2</li>
    <li>列表项 3</li>
    ……
</ol>
```

在上面的语法格式中,<ol></ol>标记用于定义有序列表,<li></li>为具体的列表项。和无序列表类似,每对<ol></ol>中也至少应包含一对<li></li>。使用有序列表的好处是列表项的序号由浏览器自动维护，可以随意增删列表项，而不必担心序号发生混乱。

在有序列表中，除了 type 属性之外，还可以为<ol>定义 start 属性、reversed 属性；为<li>定义 value 属性，它们决定有序列表的项目符号，其取值和含义见表4-2。

表4-2 <ol>标记属性及值

属性	属性值	描述
type	1（默认）	项目符号显示为数字 1 2 3…
	a 或 A	项目符号显示为英文字母 a b c d…或 A B C…
	i 或 I	项目符号显示为罗马数字 i ii iii…或 I II III…
start	数字	规定项目符号的起始值
reversed	reversed	规定列表顺序为降序（如9,8,7…）
value	数字	规定项目符号的数字

例如，example3-02.html 中对相关属性进行设置后，其效果如下。

网站建设流程

1. 项目需求
2. 项目规划
    C. 网站定位
    B. 内容收集
    A. 栏目规划
3. 设计草图
    iv. 草图构思
    v. 美工设计
    vi. 图形制作
4. 站点制作
    a. 站点建设
    d. 页面布局
    e. 脚本编程
    f. 测试发布

图4-18 有序列表设置效果

3. 定义列表

在 HTML 中，还可以定义自定义列表。定义列表通常表示名词或者概念的定义，每一个子项由两个部分组成，第一部分是名词或者是概念，第二部分是相应的解释和描述。自定义列表的标记是<dl>，其基本语法格式如下。

```
<dl>
    <dt>名词 1</dt>
    <dd>名词 1 解释 1</dd>
    <dd>名词 1 解释 2</dd>
    ...
    <dt>名词 2</dt>
    <dd>名词 2 解释 1</dd>
    <dd>名词 2 解释 2</dd>
    ...
</dl>
```

在上面的语法中，<dl></dl>标记用于指定定义列表，<dt></dt>和<dd></dd>并列嵌套于<dl></dl>中。其中，<dt></dt>标记用于指定术语名词，<dd></dd>标记用于对名词进行解释和描述。一对<dt></dt>可以对应多对<dd></dd>，即可以对一个名词进行多项解释。

例如，example3-03.html中对相关属性进行设置后，其效果如图4-19所示。

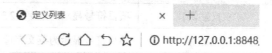

图4-19 定义列表设置效果

案例example3-01、example3-02、example3-03的源代码见二维码4-1。

4.3.2 图像元素

纯文本的网页容易缺乏吸引力，适当插入一些图像能增强网页的表现力，如图4-20所示。

图4-20 网页图像效果

HTML提供了专门用来显示图像的标记<img>，可以利用此标记在网页中插入图像。当浏览器读取到<img>标记时，就会显示此标记所设定的图像。

1. 常用的图像格式

①JPEG（Joint Photographic Experts Group，联合图像专家组）是特别为照片图像设计的文

②GIF(图形交换格式)是网页图像中很流行的格式。虽然它仅包括256种色彩,但GIF提供了出色的、几乎没有信息丢失的图像压缩功能,并且GIF可以包含透明区域和动画效果。

③BMP格式的图像,最常见的是网站注册页面或登录页面中的"验证码",其实它一般是网站程序自动生成的bmp格式小图片。

④PNG(Portable Network Graphic,可移植网络图形)格式,是一种新的、无显示质量损耗的文件格式。

2.图像标记

<img>标记定义HTML页面中的图像,标记有两个必需属性:src和alt,图像并不会插入HTML页面中,而是链接到HTML页面上,它的作用是向网页中嵌入一幅图像。其基本语法格式如下。

```
<img src="图像 URL" alt="替换文本" />
```

图像标记常用属性见表4-3。

表4-3 <img>标记属性及值

属性	属性值	描述
src	URL	图像的访问地址(路径)
alt	文本	图像不能显示时的替换文本
title	文本	鼠标悬停时显示的内容
width	像素	设置图像的宽度
height	像素	设置图像的高度
border	数字	设置图像边框的宽度
vspace	像素	设置图像顶部和底部的空白(垂直边距)
hspace	像素	设置图像左侧和右侧的空白(水平边距)
align	left	将图像对齐到左边
	right	将图像对齐到右边
	top	使图像的顶端和文本的第一行文字对齐,其他文字居图像下方
	middle	使图像的水平中线和文本的第一行文字对齐,其他文字居图像下方
	bottom	使图像的底部和文本的第一行文字对齐,其他文字居图像下方

(1)图像的替换文本属性alt

由于某些原因图像可能无法正常显示,如网速太慢,浏览器版本过低等。因此为页面上的图像加上替换文本是个很好的习惯,在图像无法显示时文字提示用户该图片的内容。这就需要使用图像的alt属性。以"熊猫"图像为例,该属性的基本语法格式如下。

```
<h2>图像的替换文本属性 alt</h2>
<p>
    <img src="img/panda.jpg" alt="熊猫" >
</p>
```

上面的案例中,图像正常显示和不能正常显示时的效果分别如图4-21、图4-22所示。

图像的替换文本属性alt

图4-21　图像正常显示时页面的效果　　　　图4-22　图像不能正常显示时页面的效果

(2)使用title属性设置提示文字

图像标记<img>有一个和alt属性十分类似的属性title,title属性用于设置鼠标悬停时图像的提示文字。其基本语法格式如下。

```
<h2>使用 title 属性设置提示文字</h2>
<p>
    <img src="img/panda.jpg" alt="熊猫" title="熊猫" >
</p>
```

其设置效果如图4-23所示。

(3)图像的宽度(width)、高度(height)属性

通常情况下,如果不给<img>标记设置宽和高,图片就会按照它的原始尺寸显示,当然也可以手动更改图片大小。width和height属性分别用来定义图片的宽度和高度,通常只设置其中一个,另一个会按原图等比例缩放。如果同时设置两个属性,且其比例和原图比例不一致,显示的图像就会变形或失真。这两个属性的基本语法格式如下。

图4-23　图像标记title属性设置效果

```
<h2>图像的宽度(width)、高度(height)属性</h2>
<p>
    <img src="img/panda.jpg" alt="熊猫" title="熊猫" >
    <img src="img/panda.jpg" alt="熊猫" title="熊猫" width="150px" height="150px">
</p>
```

其设置效果如图4-24所示。

图4-24　width和height属性效果

(4)图像的边框属性 border

默认图像是没有边框的,通过 border 属性可以为图像添加边框、设置边框的宽度,但边框颜色的调整仅仅通过 HTML 属性是不能实现的。该属性的基本语法格式如下。

```
<h2>图像的边框属性 border</h2>
<p>
    <img src="img/panda.jpg" alt="熊猫" title="熊猫" >
    <img src="img/panda.jpg" alt="熊猫" title="熊猫" border="2">
</p>
```

其设置效果如图 4-25 所示。

图4-25 border属性设置效果

(5)图像的边距属性 vspace 和 hspace

在网页中,由于排版需要,有时候还需要调整图像的边距。HTML 中通过 vspace 和 hspace 属性可以分别调整图像的垂直边距和水平边距。该属性的基本语法格式如下。

```
<h2>图像的边距属性 vspace 和 hspace</h2>
    <p class="p1">
    < img src="img/panda.jpg" alt="熊猫" title="熊猫" >
    </p>
    <p class="p2">
    < img src="img/panda.jpg" alt="熊猫" title="熊猫" vspace="10px" hspace="20px">
    </p>
```

设置效果如图 4-26 所示。

图4-26 vspace和hspace属性设置效果

(6)图像的对齐属性align

图文混排是网页中的常见效果,默认情况下图像的底部会相对于文本的第一行文字对齐,代码如下。

```
< img src="img/panda.jpg" alt="熊猫" title="熊猫" align="bottom" >
```

效果如图4-27所示。

图4-27　align属性默认效果

在制作网页时经常需要实现图像和文字的环绕效果,例如设置align属性为middle,代码如下。

```
< img src="img/panda.jpg" alt="熊猫" title="熊猫" vspace="10px" hspace="20px" align="center">
```

效果如图4-28所示。

图4-28　align属性设置为middle的效果

3.绝对路径和相对路径

实际工作中,通常新建文件夹专门用于存放图像文件,这时再插入图像,就需要采用"路径"的方式来指定图像文件的位置。

(1)绝对路径

一般用于访问不是同一台服务器上的资源或指带有盘符的路径。例如,"D:\HTML5开发基础\ch05\img\logo.gif"或"http://www.gsfc.edu.cn"。

(2)相对路径

指访问同一台服务器上相同文件夹或不同文件夹中的资源。如果访问相同文件夹中的文件，只需要写文件名；如果访问不同文件夹中的资源，URL就以某一级节点为基准，通过文档间的相对关系来进行文件的访问。

相对路径设置分为以下三种：

①图像文件和HTML文件位于同一文件夹：只需输入图像文件的名称，如<img src="logo.gif" />。

②图像文件位于HTML文件的下一级文件夹：输入文件夹名和文件名，二者之间用"/"隔开，如<img src="img/img01/logo.gif" />。

③图像文件位于HTML文件的上一级文件夹：在文件名之前加入"../"，如果是上两级，则需要使用"../../"，以此类推，如<img src="../logo.gif" />。

4.3.3 超链接元素

超链接属于网页的一部分，它是让网页和网页相互连接的部件。只有通过超链接把多个网页连接起来，才能构成一个网站。超链接是指从一个网页指向另一个目标的连接关系，目标可以是网页、位置（相同网页的不同位置）、图片等。在网页中用来超链接的对象，可以是文本、图片等，如图4-29所示。

图4-29　学院首页导航部分的超链接情况

设置超链接可以针对一个字、一个词或者一组词，也可以是一幅图像，当把鼠标指针移动到网页中的某个链接上时，箭头会变为一只小手，单击这些内容能跳转到新的文档或当前文档的某个部分。

1. 超链接元素

在HTML中创建超链接非常简单，只需用<a></a>标记环绕需要被链接的对象，其基本语法格式如下：

```
<a href="跳转目标" target="目标窗口的弹出方式">文本或图像</a>
```

在上面的语法格式中，<a>标记是一个行内标记，用于定义超链接，href和target为其常用属性，下面对它们进行具体解释。

（1）target

用于指定链接页面的打开方式，其取值见表4-4。

表4-4　target取值及描述

值	描述
_blank	在新窗口中打开被链接文档
_self	默认，在相同的框架中打开被链接文档
_parent	在父框架集中打开被链接文档

续表

值	描述
_top	在整个窗口中打开被链接文档
framename	在指定的框架中打开被链接文档

(2) href

用于指定链接目标的url地址。当为<a>标记应用href属性时，它就具有了超链接的功能。

href的值，也就是要跳转的文件类型，可以是如下类型：

- 一个http/https协议的网站；
- 一个站内网页；
- 一个电子邮件地址；
- 一张图片；
- 一个文本文件；
- 一个应用程序。

2. 超链接分类

(1) 外部链接

外部链接(External Links)是指从外部网站指向自己网站的链接，简称外链，通常被称为"反向链接"或"导入链接"，其形式包含纯文本链接、锚文本链接、图片链接。基本语法格式如下。

```
<a href="https://www.taobao.com" target="_blank">某购物网</a>
```

(2) 内部链接

内部链接(Internal Links)是指同一域名网站下的内容页面之间相互链接。

比如网站频道页、栏目页、文章详情页(或产品详情页)之间的链接，甚至网站内关键词与关键词之间的链接都可以归类为内部链接，这也是内部链接被称为站内链接的原因。对内部链接的优化，其实就是对整个网站的站内链接进行优化。基本语法格式如下。

```
<h4>内部链接</h4>
<ul type="none">
    <li><a href="lesson2-1.html" target="_blank">lesson2-1</a></li>
    <li><a href="lesson2-2.html">lesson2-2</a></li>
    <li><a href="lesson3-1.html">lesson3-1</a></li>
</ul>
```

(3) 图像链接

所谓链接图像，既是链接也是图像。在网页制作的时候，常常会给网页上的某些图片添加一个超链接，当用户单击该图片时浏览器立即转入该超链接所指向的地址。基本语法格式如下。

```
<a href="http://www.gsfc.edu.cn" target="_blank"><img src="img/gsfc.jpg" alt="logo" width="100px"/></a>
```

(4) 空链接

空链接是未指派的链接。空链接用于向页面上的对象或文本附加行为。

创建空链接的几种方法如下代码所示。

```
<a href=""></a>除了表示空链接之外,还表示链接到当前页面的页首
<a href="#"></a>除了表示空链接之外,还表示链接到当前页面的页首
<a href="javascript:void(0);"></a>仅表示空链接
```

(5)邮件链接

单击 E-mail 链接后,浏览器会使用系统默认的 E-mail 程序打开一封新的电子邮件,电子邮件收件地址为链接指向的地址。href 属性值为"mailto:E-mail 地址"。基本语法格式如下。

```
<a href="mailto:1234678@xx.com">contact us</a>
```

(6)下载链接

单击下载链接弹出下载窗口进行文件下载,当下载文件为浏览器能解析的文件时,如图片、文本文档等,会直接在浏览器中打开,此时如还需下载,则要使用 download 属性,设置下载文件名即可。download 属性是 HTML5 的新增属性。基本语法格式如下。

```
<p>
    <a href="text/eg2.rar">下载地址一</a><br>
    <a href="img/gsfc.jpg" download="gsfc.jpg">下载地址二</a>
</p>
```

(7)锚点链接

HTML 中的锚点链接也叫书签链接,常常用于那些内容庞大烦琐的网页,单击命名锚点,其不仅能指向文档,还能指向页面里的特定段落,更能作为"精准链接"的便利工具,让链接对象接近焦点。该链接可以让浏览者方便查看网页内容,类似于阅读书籍时的目录页码或章回提示。在需要指定到页面的特定部分时,元素锚点是最佳的方法。

使用锚点的步骤:

第一步:创建锚点。

• 基本语法格式:

```
<a id="锚点名"></a>
```

• 语法解释:锚点在光标处建立一个名为"id"属性值所规定的书签。
• 注意:锚点名不能含有空格。

第二步:建立锚点链接。

基本语法格式:

• 链接到同一页面中的锚点。

```
<a href="#锚点名">链接文本</a>
```

• 链接到其他页面中的书签。

```
<a href="file_path#锚点名">链接文本</a>
```

(8)图像热区链接

同一张图片上,不同位置可以链接不同的目标地址,使用的标记不再是<a>标记,而是<map>标记和<area>标记。

①<map>标记:定义一个客户端图像映射。图像映射(image-map)指带有可点击区域的一幅图像。其属性见表 4-5。

表4-5 <map>标记属性

属性	描述
id属性	为<map>标记定义唯一的名称;在一个页面中每个id只能出现一次,为必须属性
name属性	为image-map规定的名称,可以重复使用
img元素中的usemap属性	可引用<map>标记中的id或name属性(取决于浏览器),所以应同时向<map>标记中添加id和name属性

②<area>标记:永远嵌套在<map>标记内部。<area>标记可定义图像映射中的区域。其基本语法格式如下。

<img src = 图像文件地址 usemap = 映射图像名称>

```
<map name = 映射图像名称>
    <area shape = 热区形状 1 coords = 热区坐标 1 href = 链接地址 1 alt=替换文本 1>
    <area shape = 热区形状 2 coords = 热区坐标 2 href = 链接地址 2 alt=替换文本 2>
    ……
    <area shape = 热区形状 n coords = 热区坐标 n href = 链接地址 n alt=替换文本 n>
</map>
```

在该语法格式中又引入了两个标记:<map>标记和<area>标记。<map>标记用于包含多个<area>标记的情况,其中"映射图像名称"就是在<img>标记中定义的名称。

<area>标记的属性有:
- alt属性:定义此区域的替换文本;是必须属性。
- shape属性:用来定义热区形状,它有四个值,见表4-6。

表4-6 shape属性的取值及其定义

值	定义
default	默认值,为整幅图像
rect	矩形区域
circle	圆形区域
poly	多边形区域

- coords属性:用来定义矩形、圆形或多边形区域的坐标。

3. <a>标记的四个伪类

可以看到<a>标记存在一个默认效果,如图4-30所示,文字是蓝色的,鼠标放在上面会出现一个小手的效果,文字下面还有一条下划线。

甘肃林业职业技术学院

图4-30 超链接的默认效果

点击链接时字体变为红色,默认有一条下画线,如图4-31所示。

图4-31 鼠标单击时链接的样式

<a>标记提供了四个伪类选择器来定义超链接在不同状态下的CSS样式。

a:link,定义超链接在正常情况下的样式,默认超链接对象是蓝色,有下画线。

a:visited,定义超链接被访问过后的样式,默认超链接对象是紫色的,有下画线。

a:hover,定义鼠标悬浮在超链接上时的样式,默认超链接对象是蓝色的,有下画线。

a:active,定义鼠标单击链接时的样式,默认超链接对象是红色的,有下画线。

例如,在下面这个案例中,重新定义了超链接在四个状态下的样式。源代码见二维码4-2。

项目 5
某学院党建专栏页面的创建

5.1 学习目标

①掌握CSS语法规则。
②掌握CSS样式引入的方式。
③掌握CSS基础选择器的使用。
④熟悉CSS里常用的单位。
⑤掌握常用的CSS文本属性、字体属性、列表属性和背景属性。
CSS基础知识导图如图5-1所示。

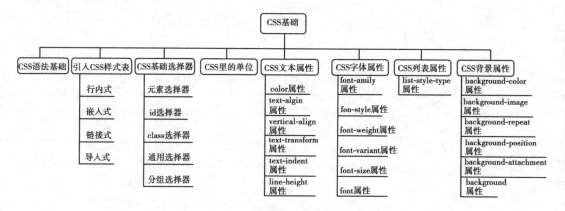

图5-1　CSS基础知识导图

5.2 实训任务

5.2.1 实训任务

本实训任务是制作"党建之窗"专栏,具体包括:
①使用HTML元素进行页面布局。
②使用链接式引入外部样式表。
③使用基础选择器对相应的HTML元素进行CSS样式的设置,通过CSS样式的设置做到和设计图相同的显示效果。最终效果如图5-2所示。

项目5 某学院党建专栏页面的创建

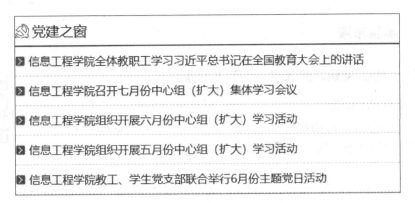

图5-2 "党建之窗"专栏最终效果图

5.2.2 设计思路

①分析"党建之窗"专栏HTML结构图：

专栏所有内容是一个整体，所以最外层用一个<div>标记包含专栏的所有内容；专栏内容分为上下两部分：专栏标题和新闻列表；专栏标题使用体现"标题"语义的<h>系列标记，新闻列表使用体现"列表"语义的<ul>、<li>组合标记；在每个<li>标记中的新闻标题是超链接，所以每个<li>中需要包含一个<a>标记。每个标题和列表使用的修饰图片是作为背景显示的，所以不需要额外的标记包含。通过分析，得到本任务的页面结构如图5-3所示。

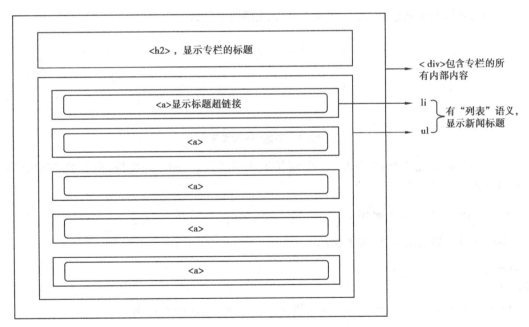

图5-3 HTML结构分析图

②根据结构图编写HTML结构代码。
③根据HTML结构代码为相关标记定义CSS样式。

5.2.3 实施步骤

1. 步骤一：创建"党建之窗"专栏的HTML页面结构

①新建项目chapter05。
②在项目chapter05内创建新闻页面，将它命名为"lesson05.html"。
③根据如图5-3所示结构分析图设置页面布局，完整的HTML代码见二维码5-1。

运行lesson05.html页面，未经CSS修饰的页面显示效果如图5-4所示。

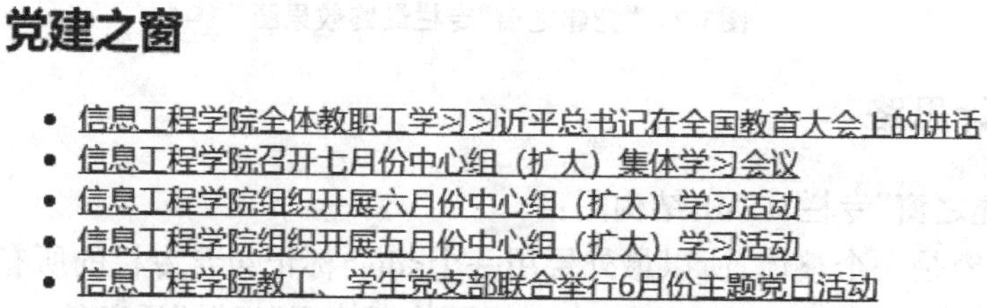

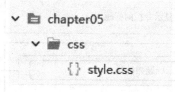

图5-4 html代码运行效果图

2. 步骤二：为页面结构设置CSS样式

①在CSS目录中新建style.css样式表文件，如图5-5所示。

图5-5 新建CSS样式表

②在<head>标记中增加<link>标记，链接该外部样式表style.css文件，所有的CSS代码定义在该文件中。

`<link rel="stylesheet" href="./css/style.css">`

③CSS样式初始化，代码如下所示。

```
body,ul,h2 { margin: 0; padding: 0; }
li { list-style-type:none; }
a { text-decoration:none; color:#000; font-family:"微软雅黑" sans-serif; font-size: 16px; }
```

④设置<div>标记的CSS样式，为专栏设置整体宽度和边框。

`.djzc { width: 550px; border:solid 1px #3B6397; margin:10px; }`

⑤设置专栏标题h2的CSS样式。

`h2 { height:40px; line-height: 40px; font-family: "微软雅黑" sans-serif; font-size: 20px; background: url(../img/djzc.png) no-repeat left center; border-bottom:solid 2px #3b6397; padding-left:30px; }`

⑥设置<li>标记的CSS样式。

li { height:40px; line-height: 40px; border-bottom:dashed 1px #ccc; background: url(../img/list.png) no-repeat left center; padding-left:20px; }

⑦设置<a>标记的CSS样式。

a:hover { color: #3b6397; }

任务的完整CSS代码见二维码5-2。

5.3 储备知识点

5.3.1 CSS3的语法基础

CSS（Cascading Style Sheets），中文为"层叠样式表"，简称样式表，是一种用来表现网页外观的语言。CSS2.1是现代浏览器支持最为广泛的版本。CSS3目前还没有成为规范，它以CSS2为基础，提供了圆角、阴影效果、文字阴影、自定义字体、旋转文本、半透明、背景颜色、多图像背景、渐变等功能，在移动端页面被广泛使用。

1. CSS语法

CSS样式表由若干条规则和注释组成。每条规则包含两个主要部分，即选择器和声明块，如图5-6所示。

图5-6　CSS语法格式

选择器表示希望选中页面的哪些HTML元素，选择器选中元素后通过CSS提供的属性改变这些元素的样式。就像使用WPS、Word等软件为文字设置样式一样，在使用CSS进行元素样式的设置前需要先选中元素。

声明块由一对"{}"组成。每个声明块内包含若干条声明，每条声明由一个属性名和一个属性值组成，属性名和属性值用冒号分隔。每条CSS声明总是以分号结束，声明表示对选中的HTML元素设置的具体样式。

例如，对页面中所有<p>标记内的文字设置颜色（color属性）为红色，字号（font-size属性）为12 px。

p {color:red; font-size:12px; }   /*两条声明，每一条都有一个属性和一个属性值;*/

为了让CSS的可读性更强，可以每行只描述一个属性，基本语法格式如下：

```
p {
    color:red;
    text-align:center;
}
```

只要一个声明块内的每个属性的设置是唯一的，声明的顺序就并不重要。

2. CSS注释

注释用来对CSS规则进行解释或者标注CSS的区域,这样阅读代码就更加清晰明了。注释使用一对"/**/"符号,注释内容被写在"/**/"中间。浏览器会忽略对注释的解析,例如,
/*这是一个注释,不会被浏览器解析*/
使用注释时需要注意以下几点:
①注释可以放在声明块外部,也可以放在声明块内部。
②注释既可以单独成行,也可以是多行。
③不能将一个注释嵌套在另一个注释内部。
例如,下面的做法是不正确的:

/*
这是一个错误的注释,因为 /* 这条注释 */ 和外面的注释产生了嵌套。
*/

5.3.2 引入CSS样式表

在开始定义CSS样式表之前,我们要知道将样式写在何处才能让浏览器识别并正确调用CSS。当浏览器读取样式表时,要依照文本的格式来读取,而且CSS样式表放在不同的地方时所产生的作用范围是不同的。

在HTML中,主要用四种方法引入CSS:行内式、内嵌式、导入式和链接式。导入式现在已经很少使用了,不再做介绍。

1. 行内式

所谓行内式,是在HTML元素的style属性中设定CSS样式,这种方式将结构和样式混合在一起,本质上没体现出CSS的优势,所以不推荐使用行内式。

要使用行内式,需要在相关的HTML元素内使用style属性,在style属性中设定CSS样式。例如,改变当前<p>标记内文字的颜色和字号,基本语法格式如下。

```
<p style="color:red; font-size:20px;">这是一个段落。</p>
```

2. 嵌入式

所谓嵌入式,是在<head>标记中定义<style>标记,将CSS样式集中写在<style>标记内。嵌入式定义的样式也叫内部样式表。其基本语法格式如下。

```
<style>
    h1 {color:blue;}
    p {font-size:16px;}
</style>
```

嵌入式的缺点:CSS样式只能修饰当前页面中的元素。每个页面的样式独立,只能做到一个页面内CSS代码重用,而不能做到多个页面间CSS代码重用。

3. 链接式

当CSS样式需要应用于很多页面时,链接式样式表将是理想的选择。链接式样式表也叫

外部样式表。在使用链接式样式表的情况下,多个页面引用同一个CSS文件,可以通过改变一个CSS文件来改变整个站点的外观,这也是推荐的方式。

将CSS样式写入单独的CSS文件,然后将该文件引入HTML页面中。在网页的<head>标记中使用<link>标记来引入外部样式表。<link>标记的href属性指定需要链接的CSS文件。rel="stylesheet"和type="text/css"是固定写法,基本语法格式如下。

```
<head>
<link rel="stylesheet" type="text/css" href="mystyle.css">
</head>
```

样式表文件不能包含任何的HTML标记,所以不能在样式表文件中包含<style>标记,同时要注意<link>标记是单标记结构。

5.3.3 CSS基础选择器

选择器的作用是选择HTML页面中的元素,只有选中了HTML元素,才能通过CSS属性为选中的元素设置样式。所以,在学习具体的CSS属性之前,要先掌握选择器的使用方法。

CSS选择器分为五类:基础选择器、属性选择器、关系选择器、伪类选择器和伪元素选择器。下面先介绍基础选择器,其包含元素选择器、id选择器、class选择器、通用选择器和分组选择器。

1.元素选择器

元素选择器根据HTML标记名称来选择HTML元素。

例如,在example5-01.html中,将页面中所有段落的文字颜色设置为红色。

```
<style>
    p {color:red;}  /* color:red;表示设置文本颜色为红色 */
</style>
<body>
    <h2>标题一</h2>
    <p>每个段落都会受到样式的影响</p>
    <p>我也是!</p>
    <h2>标题二</h2>
    <p>每个段落都会受到样式的影响</p>
    <p>我也是!</p>
    <p>还有我!</p>
</body>
```

由于要设定所有段落(<p>标记)的样式,所以使用元素选择器较为方便。书写规则为:将标记名称"p"作为选择器的名称,接着在声明块({}中的内容)中设置color的属性值为"red"。需要注意的是标记名称不带有符号"<>",这一点和HTML语言不一样。显示效果如图5-7所示,所有段落中的文字都变成了红色。

元素选择器主要用于对标记进行初始化,结合分组选择器可为页面中的元素设置初始样式。

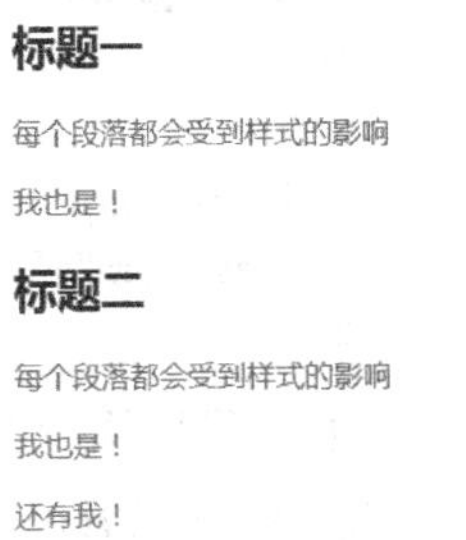

标题一

每个段落都会受到样式的影响

我也是!

标题二

每个段落都会受到样式的影响

我也是!

还有我!

图5-7 元素选择器效果图

2. id 选择器

id 选择器可以为设定了 id 属性的 HTML 元素指定特定的样式。使用 id 选择器时，需要保证每个 HTML 元素的 id 属性值在当前页面中唯一。

id 选择器的书写规则：以"#"开头，后跟元素 id 属性的值。

例如，在 example5-02.html 中，设第一个段落的文字颜色为红色，第二个段落的文字颜色为蓝色。

```
<style>
    #p1 {color:red;}
    #p2 {color:blue;}
</style>
<body>
    <p id="p1">我是第一个段落,文字颜色红色</p>
    <p id="p2">我是第二个段落,文字颜色蓝色</p>
    <p>本段不受样式的影响</p>
</body>
```

上述代码实际上执行的是两步操作：

步骤1：在 HTML 中设置段落<p>标记的 id 属性，并且保证每个 id 属性的值在网页中唯一。设置第一个<p>标记的 id 属性值为 p1，第二个<p>标记的 id 属性值为 p2。

步骤2：在 CSS 中用 id 选择器分别选两个标记。以"#"开头，表示要选中具有 id 属性的标记；在"#"后写 id 属性的值；在声明块中定义 color 属性的值。显示效果如图 5-8 所示。

我是第一个段落，文字颜色红色

我是第二个段落，文字颜色蓝色

本段不受样式的影响

图5-8 id 选择器效果图

由于一个 id 选择器只能为页面中的一个标记设置样式，使用限制较多，所以不推荐使用 id 选择器来设置样式。该选择器常用在 JavaScript 中。

id 属性包括其他选择器使用的属性的值都不要以数字开头，数字开头的 id 在某些浏览器中不起作用。

3. class 选择器（类选择器）

class 选择器选择有特定 class 属性的 HTML 标记，class 选择器也叫类选择器。

class 选择器的书写规则：以句点"."字符开头，后面跟类名（class 属性的值）。

例如，在 example5-03.html 中，把<h1>标记和<p>标记中的文字颜色设置为红色。

```
<style>
    .grp {color:red;}
</style>
<body>
    <h1 class="grp">红色的标题</h1>
    <p class="grp">红色的段落。</p>
</body>
```

上述代码执行同样需要两步操作：

步骤1：在 HTML 中为两个标记设置 class 属性，并且将 class 属性的值设置为相同的值

grp，表示这两个标记属于同一类。

步骤2：在 CSS 中用 class 选择器选中具有相同类的标记。在<style>标记中，以句点开头，表示要选中具有 class 属性的元素，句点后写 class 属性的值，合起来就表示"选中 class 属性的值等于 grp 的所有元素"。在声明块中定义 color 属性，其值为红色。显示效果如图5-9所示。

class 选择器的使用场景是需要为多个标记设置相同的样式。同时，也可以用 class 选择器来代替 id 选择器。只要保证某个标记的 class 属性值唯一，就相当于使用了 id 选择器，这也是推荐的方式。

还可以指定特定的 HTML 标记使用 class。例如，在 example5-04.html 中，把上例中的 CSS 代码做如下修改：

```
<style>
    p.grp {color:red;}
</style>
```

虽然两个标记都设置了 class 属性且属性值相同，但只有<p>标记中的文字变成了红色；当其他 HTML 标记也设置了 class="grp"时，样式不生效，相当于给 class 选择器加了一个限定条件。注意标记和句点之间没有空格（如果存在空格，就变成了后代选择器），显示效果如图5-10所示。

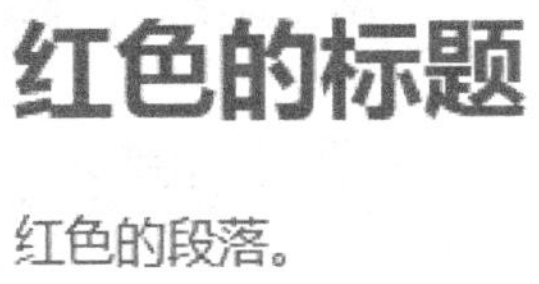

图5-9　class 选择器 　　　　　图5-10　特定标记使用 class 选择器

4．通用选择器

通用选择器用星号"*"表示，用来选择页面上所有的 HTML 元素。例如，在 example5-05.html 中，有如下代码：

```
<style>
    * {color:blue;}
</style>
<body>
    <h1>Hello world!</h1>
    <p>页面上的每个元素都会受到影响。</p>
    <p>我也是！</p>
    <p>还有我！</p>
</body>
```

显示效果如图5-11所示，页面中所有元素的文字颜色都变为了蓝色。

有些 HTML 标记默认自带一些样式，例如<h1>标记默认加粗显示，<a>标记默认带下画线，等等。有些标记的默认样式给网页布局带来了不便，容易造成网页布局的混乱。所以，设计通用选择器的目的是初始化页面中所有标记的样式，但效率非常低，一般不建议使用，替代的做法是使用分组选择器。

5. 分组选择器

分组选择器选取所有具有相同样式定义的HTML元素,以最大限度地缩减代码,提高处理效率。如需对选择器进行分组,可使用逗号分隔每个选择器。可以分组的选择器涵盖以上提到的选择器——元素选择器、id选择器、class选择器,也包括后续要学习的属性选择器、关系选择器、伪类选择器和伪元素选择器。

例如,在example5-06.html中,可用如下代码实现分组。

```
<style>
h1,h2,p {color:red;}
</style>
<body>
<h1>这是标题</h1>
<h2>更小的标题</h2>
<p>这是一个段落。</p>
</body>
```

其中,"h1,h2,p"表示同时选中h1、h2和p这三个元素。上述代码执行后的显示效果如图5-12所示。

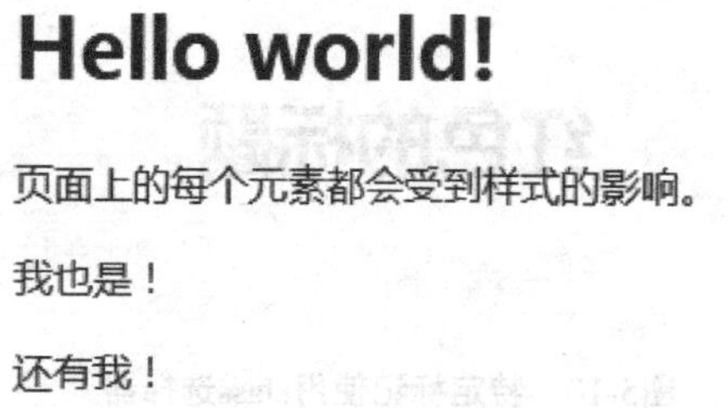

图5-11 使用通用选择器的效果图

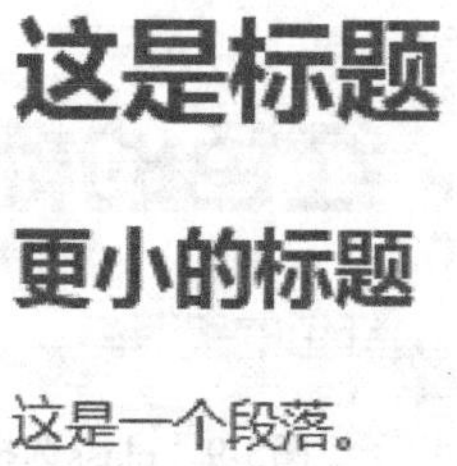

图5-12 使用分组选择器的效果图

5.3.4 CSS里的单位

许多CSS属性的属性值必须设置单位,如font-size、width、margin、padding、font-size等属性。属性值的单位一般有两种类型:绝对单位和相对单位。

绝对单位是固定的,用任何一个绝对单位表示的长度都将恰好显示为这个尺寸;而相对单位是不固定的,表示的是相对于另一个单位的大小。

属性值的常用单位如下。

• px:绝对单位,像素。我们可以把像素理解为计算机屏是由一个个发光的小点组成的,每个小点就是一个像素。不同的显示器,像素大小不一定相同。

• em:相对单位,相对于元素的字体大小,例如2 em表示当前字体大小的2倍,浏览器默认的字体大小为16 px,所以2 em在默认情况下等于32 px。

• rem:相对单位,相对于根元素的字体大小。根元素即HTML元素。

5.3.5 常用CSS文本属性

1. color属性

color属性用于设置文本的颜色。常用颜色用以下方式指定。

（1）颜色名

如red、blue、yellow等表示颜色的英文单词。

（2）十六进制值

用#RRGGBB格式规定的十六进制颜色，其中RR（红色）、GG（绿色）和BB（蓝色）十六进制整数指定颜色的成分，所有值必须在00到FF之间，如#0000FF值表示蓝色。

例如，在example5-07.html的代码中，通过颜色名和十六进制值设置文本颜色。

```
<style>
    #p1 {color:red;}
    #p2 {color:#00ff00;}
</style>
<body>
    <p id="p1">红色</p>
    <p id="p2">绿色</p>
</body>
```

显示效果如图5-13所示。

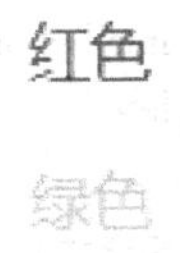

图5-13 使用color属性的效果图

2. text-align属性

text-align属性用于设置文本的水平对齐方式，常用属性值如下。

①left：左对齐。
②Right：右对齐。
③center：水平居中对齐。
④justify：两端对齐。将拉伸每一行，使每一行具有相等的宽度。

例如，在example5-08.html的代码中，设置文本的水平对齐方式。

```
<style>
    h1 {text-align:center;}
    h2 {text-align:left;}
    h3 {text-align:right;}
    h4 {text-align:justify;}
</style>
<body>
    <h1>标题1（水平居中对齐）</h1>
    <h2>标题2（左对齐）</h2>
    <h3>标题3（右对齐）</h3>
    <h4>In my younger and more vulnerable years my father gave me some advice that I've been turning over in my mind ever since. ' Whenever you feel like criticizing anyone,' he told me, 'just remember that all the people in this world haven't had the advantages that you've had.'</h4>
</body>
```

显示效果如图5-14、图5-15所示。

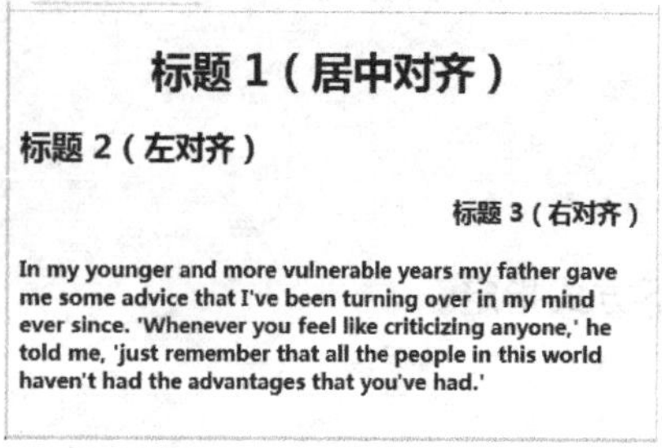

图5-14 未设置justify值 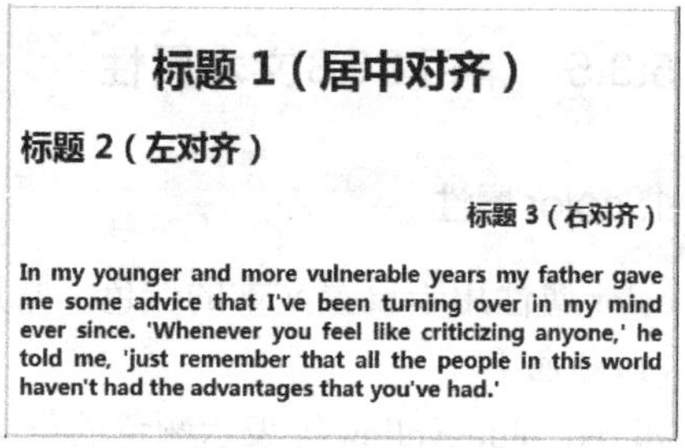　　　　　　　　图5-15 设置了justify值

3. vertical-align属性

vertical-align属性设置元素的垂直对齐方式，常用属性值如下。

①baseline：默认对齐方式，基线对齐。基线的位置在小写字母x的底部所在直线的位置。
②top：把元素的顶端与行中最高元素的顶端对齐。
③middle：把此元素放置在父元素的中部。
④bottom：把元素的顶端与行中最低元素的顶端对齐。

例如，在example5-09.html的代码中，设置元素垂直对齐方式。

```
<style>
    img.top {vertical-align:top;}
    img.middle {vertical-align:middle;}
    img.bottom {vertical-align:bottom;}
</style>
<body>
    <p>一幅 <img src="face.jpeg"> 默认对齐方式的图像。</p><br>
    <p>一幅 <img class="top" src="face.jpeg"> 上对齐的图像。</p><br>
    <p>一幅 <img class="middle" src="face.jpeg"> 居中对齐的图像。</p><br>
    <p>一幅 <img class="bottom" src="face.jpeg"> 下对齐的图像。</p>
</body>
```

显示效果如图5-16所示。

4. text-decoration属性

text-decoration属性用于设置或删除文本装饰，常用可选值如下。

①overline：上画线。
②Line-through：删除线。
③underline：下画线。
④none：不显示默认自带的装饰，通常用于从超链接上删除默认的下画线。

图5-16 使用vertical-align属性的效果图

例如，在example5-10.html的代码中，设置或删除文本装饰。

```
<style>
    a {text-decoration:none;}
    h1 {text-decoration:overline;}
```

```
h2 {text-decoration:line-through;}
h3 {text-decoration:underline;}
</style>
<body>
    <a href="#">取消超链接默认的下画线</a>
    <h1>添加上画线</h1>
    <h2>添加删除线</h2>
    <h3>添加下画线</h3>
</body>
```

显示效果如图5-17所示。

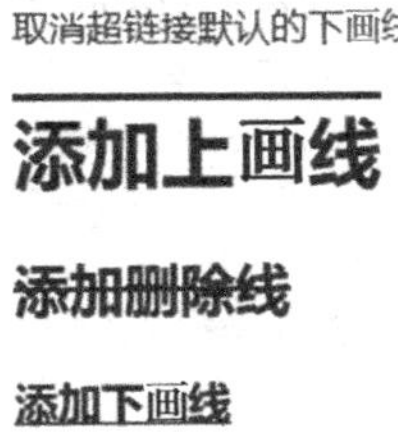

取消超链接默认的下画线

添加上画线

添加删除线

添加下画线

图5-17　使用text-decoration属性的效果图

5. text-indent属性

text-indent属性用于指定文本第一行的缩进。

例如，在example5-11.html的代码中，设置文本首行缩进2字符。

```
<style>
    p {text-indent:2em;}
</style>
<body>
    <p>甘肃林业职业技术学院是我国西北地区唯一一所独立设置的林业类国家示范性高职院校和国家优质高职院校。</p>
    <p>学院创建于1956年，1994年被国家教委确定为"国家级重点中专"，1995年被林业部评为"全国优秀中等林业学校"，2001年升格为高职学院，2007年被教育部、财政部确定为100所全国示范性高等职业院校之一，2008年升格为副厅级建制，2016年被省政府确定为国内一流高职院校建设单位，2017年被省教育厅确定为优质高职院校建设单位，2019年被教育部确定为200所国家优质高职院校之一。近年来，学院先后获得了"全国绿化模范单位""全国精神文明建设工作先进单位""甘肃省职业教育先进单位""国防教育特色学校单位""第一届甘肃省文明校园""第六届黄炎培职业教育优秀学校奖"等称号。</p>
</body>
```

一般在中文网页中使用em来进行首行缩进，em表示字母的大小，两个em表示两个字母的大小，正好满足首行缩进两个字符的中文环境。显示效果如图5-18所示。

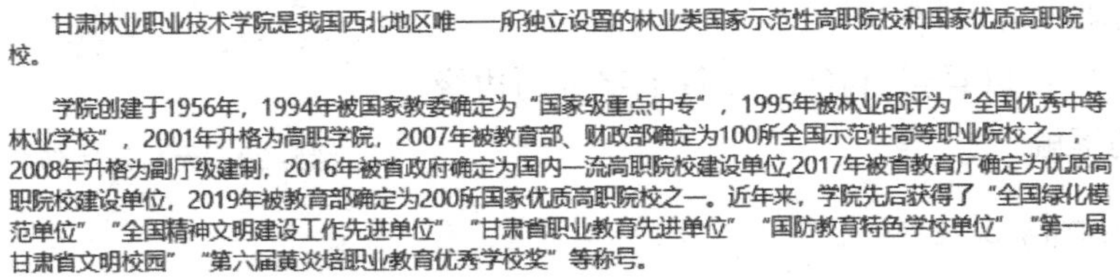

　　甘肃林业职业技术学院是我国西北地区唯一一所独立设置的林业类国家示范性高职院校和国家优质高职院校。

　　学院创建于1956年，1994年被国家教委确定为"国家级重点中专"，1995年被林业部评为"全国优秀中等林业学校"，2001年升格为高职学院，2007年被教育部、财政部确定为100所全国示范性高等职业院校之一，2008年升格为副厅级建制，2016年被省政府确定为国内一流高职院校建设单位，2017年被省教育厅确定为优质高职院校建设单位，2019年被教育部确定为200所国家优质高职院校之一。近年来，学院先后获得了"全国绿化模范单位""全国精神文明建设工作先进单位""甘肃省职业教育先进单位""国防教育特色学校单位""第一届甘肃省文明校园""第六届黄炎培职业教育优秀学校奖"等称号。

图5-18　使用text-indent属性的效果图

6. line-height属性

line-height属性用于指定行之间的间距(行高)。

例如,在example5-12.html的代码中,设置行高为字符高度的1.8倍。

```
<style>
    p.big {line-height:1.8;}
</style>
<body>
    <p>
        这是有标准行高的段落<br>
        大多数浏览器中的默认行高大概是110%到120%。<br>
    </p>
    <p class="big">
        这是行高更大的段落。<br>
        这是行高更大的段落。<br>
    </p>
</body>
```

显示结果如图5-19所示。通过反选显示背景可以对比行高的占位。

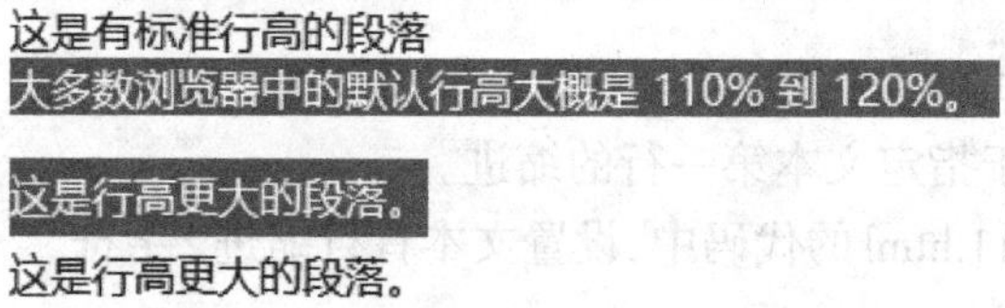

这是有标准行高的段落
大多数浏览器中的默认行高大概是110%到120%。

这是行高更大的段落。

这是行高更大的段落。

图5-19 使用line-height属性的效果图

利用行高属性可以实现单行文本在父元素中垂直居中对齐。做法是将文本行高设置为和父元素的高度相同。

5.3.6 常用CSS字体属性

1.通用字体族

在CSS中有五个通用字体族,所有不同的字体名称都属于这五个通用字体族之一,在前端开发中最常用的是衬线字体和无衬线字体。

(1)衬线字体(Serif)

在每个字母的边缘都有一个小的笔触。它们营造出一种形式感和优雅感,例如宋体。

(2)无衬线字体(Sans-serif)

字体线条简洁(没有小笔画)。它们营造出现代而简约的外观,例如微软雅黑。

通过图5-20可以看到,衬线字体每个字母的边缘都有一个小的笔触。

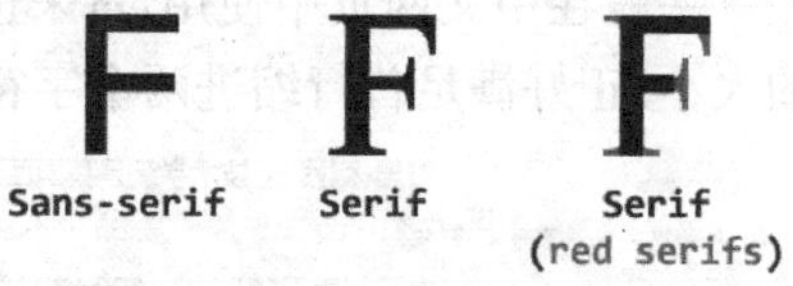

图5-20 无衬线字体和衬线字体对比

2. font-family属性

font-family属性用于设置文本的字体。

在设置字体属性时最好包含多个字体名称作为后备,以确保浏览器/操作系统之间的最

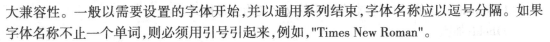

大兼容性。一般以需要设置的字体开始,并以通用系列结束,字体名称应以逗号分隔。如果字体名称不止一个单词,则必须用引号引起来,例如,"Times New Roman"。

例如,在 example5-13.html 的代码中,设置文字字体。

```
<style>
    .p1 {font-family:宋体,serif;}
    .p2 {font-family:微软雅黑,宋体,sans-serif;}
</style>
<body>
    <p class="p1">这个段落以宋体显示</p>
    <p class="p2">这个段落以微软雅黑字体显示</p>
</body>
```

显示结果如图 5-21 所示。在第二个段落中,设置了两个字体和一个通用字体。这意味着客户端浏览器首先选择微软雅黑字体,如果客户端不存在微软雅黑字体,则使用宋体;如果客户端也没有宋体,则自动选择一个通用无衬线字体呈现给用户。

3. font-style 属性

font-style 属性主要用于指定斜体文本,此属性可设置三个值。
(1)normal:文字正常显示。
(2)italic:文字以斜体显示。
(3)oblique:文字为"倾斜"(倾斜与斜体非常相似,但支持较少)。

例如,在 example5-14.html 的代码中,设置文字倾斜或取消文字倾斜。

```
<style>
    p.normal {font-style:normal;}
    p.italic {font-style:italic;}
    p.oblique {font-style:oblique;}
</style>
<body>
    <p class="normal">正常显示的文字</p>
    <p class="italic">italic 方式的斜体</p>
    <p class="oblique">oblique 方式的斜体,不常用</p>
</body>
```

显示结果如图 5-22 所示。

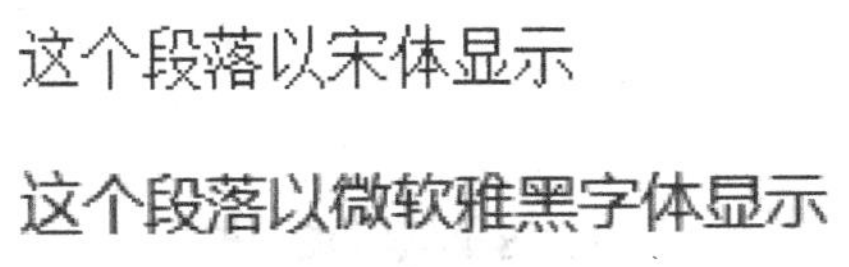

这个段落以宋体显示

这个段落以微软雅黑字体显示

正常显示的文字

italic方式的斜体

oblique方式的斜体,不常用

图 5-21 使用 font-family 属性的效果图

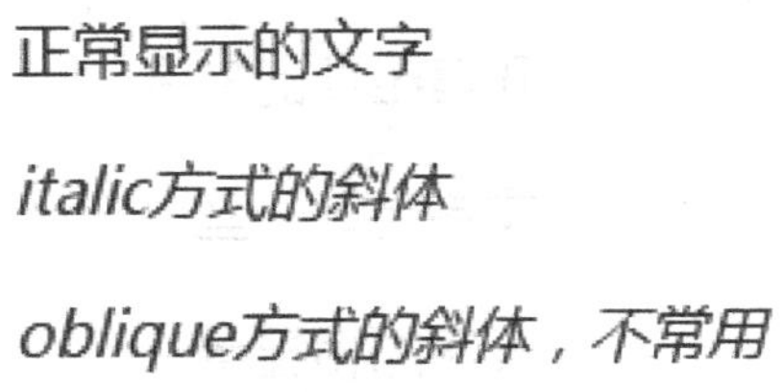

图 5-22 使用 font-style 属性的效果图

4. font-weight 属性

font-weight 属性指定字体的粗细,常用可选属性值如下。

(1)normal：默认值，用于将本身加粗的文字变为正常模式。
(2)bold：加粗。
(3)数字表示法：可以使用100~900这九个百位数字，例如400等同于normal，700等同于blod。

例如，在example5-15.html的代码中，设置文字粗细。

```
<style>
    p.normal {font-weight:normal;}
    p.light {font-weight:lighter;}
    p.bold {font-weight:bold;}
    p.bolder {font-weight:900;}
</style>
<body>
    <p class="normal">正常粗细的文字</p>
    <p class="light">文字更细一些</p>
    <p class="bold">文字加粗显示</p>
    <p class="bolder">文字再加粗一些</p>
</body>
```

显示效果如图5-23所示。

5. font-variant属性

font-variant属性用于设置字体变体，也就是指定是否以小型大写字母来显示文本。该属性的主要属性值为small-caps，即所有小写字母都将转换为大写字母；但是，转换后的大写字母和原本的小写字母是相同大小的。

例如，在example5-16.html的代码中，设置字体变体，代码执行后的显示效果如图5-24所示。

```
<style>
p.small {font-variant:small-caps;}
</style>
<body>
<p>This is My book.</p>
<p class="small">This is My book.</p>
</body>
```

正常粗细的文字

文字更细一些

文字加粗显示

文字再加粗一些

This is My book.

THIS IS MY BOOK.

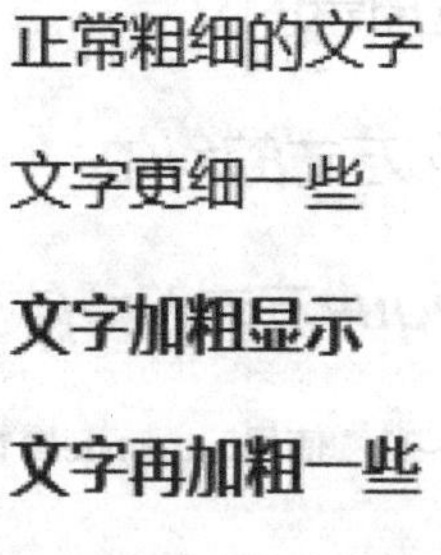

图5-23 使用font-weight属性的效果图 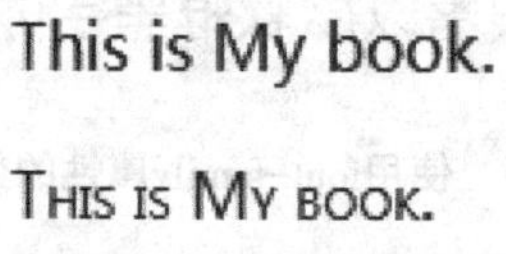　　图5-24 使用font-variant属性的效果图

6. font-size 属性

font-size 属性设置文本的大小(也叫作字号)。一般布局中常用两个单位——px 和 em，在响应式布局中还可以使用 rem 这个单位。例如，在 example5-17.html 的代码中，设置文字字号。

```
<style>
    h1 {font-size:30px;}
    p {font-size:1.5em;  /* 1.5em*16 = 24px */ }
</style>
<body>
    <h1>这是标题，字号 30 像素</h1>
    <p>这是一个段落。字号 1.5em，即 24 像素</p>
</body>
```

显示效果如图 5-25 所示。在段落中，文字包含在 <p> 标记内，<p> 标记没有设置 font-size 属性，未设置 font-size 属性的元素字号默认为 16 px，所以 1.5 em=1.5×16，为 24 px。

需要注意的是，文本大小具有继承性。如果包含文字的当前标记没有设置 font-size 属性，那么还需要知道父元素和祖先元素是否设置了 font-size 属性。一旦父元素或祖先元素设置了 font-size 属性，则 em 会使用离它最近的父元素或祖先元素的 font-size 属性值进行计算。例如，example5-18.html 中代码的显示效果如图 5-26 所示。

```
<style>
    body {font-size:12px;}
    h1 {font-size:30px;}
    p {font-size:1.5em;  /* 1.5em*12 = 18px */ }
</style>
<body>
    <h1>这是标题，字号 30 像素</h1>
    <p>这是一个段落。字号 1.5em，即 18 像素</p>
</body>
```

这是标题,字号30像素

这是一个段落。字号1.5em，即24像素

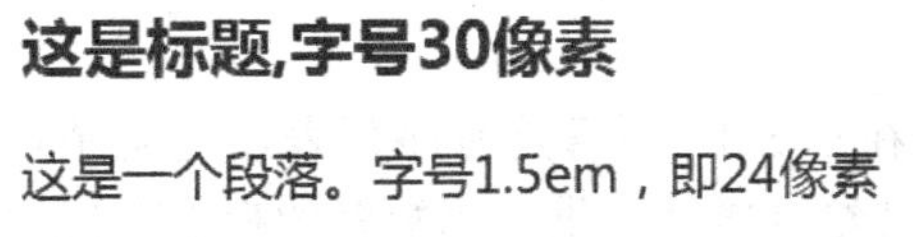

图5-25 使用默认大小计算em单位字号的效果

这是标题,字号30像素

这是一个段落。字号1.5em，即18像素

图5-26 设置字号计算em单位字号的效果

本例在上个例子的基础上增加了 <body> 标记的 font-size 属性，由于 <body> 标记是 <p> 标记的父元素，所以 <p> 标记 font-size 属性的 em 单位参考的是父元素的像素值：12 px，因此，1.5 em=1.5*12=18 px。从这里可以看出相对单位的值会随着参考对象的变化而变化。

例如，在 example5-19.html 的代码中，以 rem 作为字号的单位，其显示效果如图 5-27 所示。

```
<style>
    html {font-size:12px;}
    h1 {font-size:1.5rem; /* 1.5em*12 = 18px */ }
    p {font-size:1rem;  /* 1em*12 = 12px */ }
</style>
<body>
    <h1>这是标题，字号 1.5rem,实际像素值为 18px</h1>
```

```
<p>这是一个段落。字号 1rem,实际像素值为 12px</p>
</body>
```

这是标题,字号1.5rem,实际像素值为18px

这是一个段落。字号1rem,实际像素值为12px

图5-27　以rem作为字号单位的效果

7. font属性

font 属性是 font-style、font-variant、font-weight、font-size/line-height、font-family 属性的简写形式。

其中,font-size 和 font-family 的值是必需的。如果缺少其他值之一,则会使用其默认值。例如,在 example5-20.html 的代码中,设置文字 font 属性。

```
<style>
    p.a {font:20px 微软雅黑,sans-serif;}
    p.b {font:italic small-caps bold 18px/30px 宋体,serif;}
</style>
<body>
    <p class="a">该段落字号 20px,字体是微软雅黑。</p>
    <p class="b">该段落(Paragraph)设置了倾斜、小型大写字母和加粗,字号 18px,行高 30px,字体是宋体。</p>
</body>
```

显示效果如图 5-28 所示。

该段落字号20px,字体是微软雅黑。

该段落(PARAGRAPH)设置了倾斜、小型大写字母和加粗,字号18PX,行高30PX,字体是宋体。

图5-28　使用font属性的效果

5.3.7　CSS列表属性

list-style-type 属性指定列表项标记的类型。在 CSS 中,不管是有序列表还是无序列表,都统一使用该属性设置指定列表项标记的类型。虽然该属性提供了非常多的列表标记类型,但是会影响网页布局,所以通常做法是不显示列表标记。

所以,将 list-style-type 的值设置为 none 即可取消列表项标记。例如,在 example5-21.html 的代码中,取消列表项标记显示如下。

```
<style>
    ul,ol {list-style-type:none}
</style>
<body>
    <ul>
        <li>Coffee</li>
        <li>Tea</li>
    </ul>
    <ol>
```

```
        <li>Coffee</li>
        <li>Tea</li>
    </ol>
</body>
```

如图5-29为默认效果,如图5-30为取消列表标记的效果。其他列表属性请自行查询CSS参考手册。

- Coffee
- Tea

1. Coffee
2. Tea

Coffee
Tea

Coffee
Tea

图5-29 默认列表标记的效果图　　　　图5-30 使用list-style-type取消列表标记的效果图

5.3.8 CSS背景属性

1. background-color属性

background-color属性指定元素的背景色。例如,在example5-22.html的代码中设置元素背景颜色,显示效果如图5-31所示。

```
<style>
    h1 {background-color:green;}
</style>
<body>
    <h1>CSS background-color 实例</h1>
</body>
```

CSS background-color 实例

图5-31 使用background-color属性的效果图

2. background-image属性

background-image属性指定用作元素背景的图像。默认情况下,background-image属性在水平方向和垂直方向上都重复图像。和HTML的<img>标记一样,background-image属性必须定义图像的路径,背景图像才能正常显示。

如果图片尺寸小于元素的宽高,图像会在水平和垂直两个方向上重复平铺,以覆盖整个元素;如果图片尺寸大于元素的宽高,则只显示图像的一部分。默认从元素的左上角开始显示。准备好作为背景图像的素材,如图5-32所示,该图像宽100 px、高107 px。例如,在example5-23.html的代码中,设置元素背景图像如下。

```
<style>
    .small {width:80px;height:80px;background-image:url(../img/panda.png);}
    .big {width:140px;height:140px;background-image:url(../img/panda.png);}
</style>
```

```
<body>
    <p class="small"></p>
    <p class="big"></p>
</body>
```

为了验证结论,我们准备了两个<p>标记,第一个<p>标记的宽(width属性)、高(height属性)值调整为80 px,第二个<p>标记的宽高调整为140 px。显示效果如图5-33所示,图像的尺寸比元素的宽高值大,图像只显示一部分,图像的尺寸比元素的宽高值小,图像铺满了整个父元素。

图5-32　原始图像大小

图5-33　内容区域和图片大小不一致的效果

3. background-repeat属性

background-repeat属性用于设置背景图片是否重复显示,如不平铺、横向平铺、纵向平铺和两个方向都平铺等方式。该属性可选的属性值如下。

①repeat-x:水平方向平铺。

②repeat-y:垂直方向平铺。

③no-repeat:不平铺。

对于某些有规律的图像,可以按规律截取其中一部分,通过某个方向的平铺来显示完整的图像,这既可以节约图像的存储空间,也能提高网络传输效率。

准备好作为背景图像的素材,如图5-34所示。例如,在example5-24.html的代码中,设置背景图像水平平铺如下。

```
<style>
    body {background-image:url("../img/gradient_bg.png");background-repeat:repeat-x;}
</style>
<body>
    <p>此页面以图像为背景!</p>
</body>
```

显示结果如图5-35所示,我们截取了显示结果的一部分。为了方便看清楚素材图像,这里截取得宽一些。实际开发中,对于横向平铺的图像,一般截取宽度为1 px,尽可能让图像占用更少的存储空间和网络传输带宽。

图5-34　原始图像素材 　　　　　图5-35　水平平铺背景图像效果

4. background-position属性

background-position属性用于指定背景图像的位置。该属性设置两个值,以空格分隔,第一个值是水平位置,第二个值是垂直位置。如果只写一个值,表示只设置水平位置,垂直位置则使用默认值。

水平位置可选值:left(居左,默认值)、center(居中)、right(居右)。

垂直位置可选值:top(居上,默认值)、center(居中)、bottom(居下)。

例如,在example5-25.html的代码中,设置背景图像的显示位置如下。

```
<style>
    p {width: 150px; height: 150px; border: solid 1px #000000; background-image: url("../img/panda.png");background-repeat:no-repeat;background-position:right top;}
</style>
<body>
    <p></p>
</body>
```

显示效果如图5-36所示,<p>标记的背景图像设置在右上角。

除了可以使用几个固定的位置外,还可以使用具体的像素值来指定背景图像在标记中的位置;像素值可以是负数。

5. background-attachment属性

background-attachment属性指定背景图像是滚动还是固定的(不会随页面的其余部分一起滚动),其可选属性值如下。

①scroll:滚动条的移动改变背景图像的位置(默认值)。

②fixed:滚动条的移动不会改变背景图像的位置。

例如,在example5-26.html的代码中,设置背景图像固定显示如下。

```
<style>
    body {background-image: url("../img/panda.png"); background-repeat: no-repeat; background-position: right top;background-attachment:fixed;}
</style>
<body>
    <p><b>提示:</b>如果看不到任何滚动条,请尝试调整浏览器窗口的大小。</p>
    <p>背景图像是固定的。请尝试向下滚动页面。</p>
    <p>背景图像是固定的。请尝试向下滚动页面。</p>
    <!-- 尽可能多地复制<p>标记,或者改变浏览器的大小,让浏览器产生滚动条 -->
</body>
```

显示效果如图5-37所示,将背景图像设置为fixed,滚动条的移动并不会改变背景图像的位置。

图5-36　背景图像在右上角显示

图5-37　背景图像固定显示

6. background属性

background属性是上述属性的简写形式，如需缩短代码，可以使用该属性一次性指定所有的背景属性。

该属性的属性值中有缺失并不要紧，按照此顺序设置值即可，缺失的属性将按照默认值设置。例如，在example5-27.html的代码中，通过简写属性设置背景如下。

```
<style>
    body {background:#ffffff url("../img/panda.png") no-repeat right top;}
</style>
<body>
    <p>此页面以图像为背景！</p>
</body>
```

显示效果如图5-38所示。

图5-38　背景简写属性的显示效果

项目 6
新闻页面的制作

6.1 学习目标

①掌握四种关系选择器的使用方法。
②掌握属性选择器的使用方法。
③掌握伪类选择器的使用方法。
④掌握伪元素选择器的使用方法。
⑤理解和掌握CSS样式的继承、优先级和层叠性。
CSS高级选择器知识导图如图6-1所示。

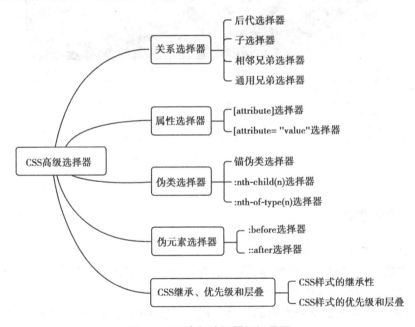

图6-1　CSS高级选择器知识导图

6.2 实训任务

6.2.1 实训内容

本实训任务是制作一个新闻页面。
①使用HTML元素进行页面布局。
②使用基础选择器和高级选择器对相应的HTML元素进行CSS样式的设置。

③通过设置CSS样式,做到和设计图相同的显示效果。最终效果如图6-2所示。

图6-2　最终效果图

6.2.2　设计思路

①分析新闻页面HTML结构图：

新闻页面的所有内容是一个整体,所以最外层用一个<div>标记包含新闻的所有内容,目的是控制整个新闻的显示宽度和显示位置。

外层div的内部从上到下分为四部分:栏目分类、新闻标题、发布时间(来源、点击数)和新闻正文。

栏目分类区域使用<div>标记,该区域内部包含一个超链接<a>标记,点击超链接跳转到栏目页。这里之所以要将<a>标记放在一个<div>标记中,是因为<a>标记不能设置宽度和高度值,因此无法指定该区域的大小。通过设置<div>标记可以指定该区域的宽高值,也能让<a>标记中的文字水平居中对齐。该区域使用到的修饰图片采用CSS伪元素选择器引入,所以不需要额外的标记包含。

新闻标题区域使用<h1>标记。发布时间(来源、点击数)区域使用一个<div>标记,该区域内部分为发布时间区域、来源区域和点击数三个区域,用三个<span>标记。之所以细分为三个区域,是因为可以使用布局属性调整三个span区域之间的距离。新闻正文区域使用一个

<div>标记,在该区域内部使用四个<p>标记展示图片和三个段落信息,在正文最后有一个供稿单位区域,使用一个<div>标记。这里之所以要将图片也放在一个<p>标记中,是因为通过设置<p>标记的水平居中属性,可让内部的图片水平居中对齐。

通过分析,得到本任务的页面结构如图6-3所示。通过结构分析,也就知道怎么去使用对应的选择器来选中这些标记了。

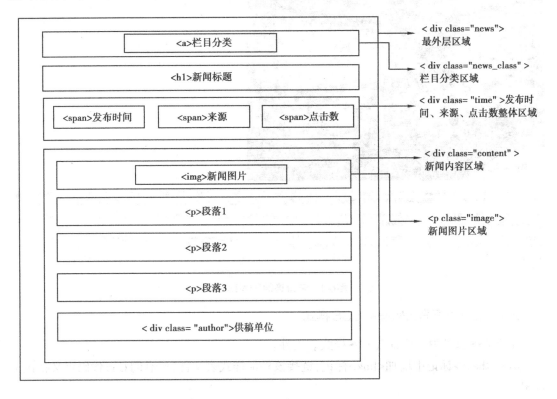

图6-3 HTML结构分析

②根据结构图编写HTML结构代码。

本任务使用到大量的<div>标记,根据结构来看每个<div>标记的样式肯定是不同的,为了区分这些<div>标记,需要为每个div设置唯一的class属性值。

③根据HTML结构代码为相关标记定义CSS样式。

6.2.3 实施步骤

1.步骤一:创建"党建之窗"专栏的HTML页面结构

①新建项目chapter06。
②在项目chapter06内创建新闻页面,将它命名为"lesson06.html"。
③根据如图6-3所示结构分析设置页面布局。
任务代码见二维码6-1。
运行lesson06.html页面,页面未经CSS修饰的显示效果如图6-4所示,接下来用CSS修饰该页面,实现最终显示效果。

6-1

图6-4　未修饰的HTML效果

2. 步骤二：为页面结构设置CSS样式

①在CSS目录中新建style.CSS样式表文件。

②在<head>标记中增加<link>标记,链接该外部样式表文件,所有的CSS代码定义在该文件中。

```
<head>
    <link rel="stylesheet" href="./css/style.css">
</head>
```

③初始化CSS样式。

```
body,h1,p {margin:0;padding:0;}
/* 定义默认的文本样式 */
body {font-family:"微软雅黑" sans-serif;font-size:16px;}
```

④设置外层<div>标记的CSS样式,为新闻页面设置整体宽度和边框,且让页面在浏览器中水平居中对齐。

```
/* 设置版心,规定显示新闻区域宽度,并且让新闻区域居中显示 */
.news {width:1200px;margin:0 auto;border:solid 1px #ccc;}
```

- "width:1200 px;":表示将div的宽度设置为1 200 px。
- "margin:0 auto;":表示将div设置为水平居中对齐。
- border属性表示为div添加一个边框,1 px表示边框宽度为1 px;solid表示边框为实线;1 px宽的实线边框,边框颜色值为#ccc。

width、height、border、margin、padding 及相关属性将在项目七的盒子模型中介绍。

⑤设置栏目分类区域<div>标记的 CSS 样式。

.news .news_class {height:80px;line-height:80px;text-align:center;background:url(../img/bg.png) no-repeat center bottom;}

- "height:80px":表示将高度设置为 80 px。

⑥设置栏目分类区域中超链接<a>标记的 CSS 样式。

.news .news_class a::before {content:url(../img/more.png);vertical-align:middle;}
.news .news_class a {text-decoration:none;color:#000;font-size:30px;font-family:"宋体";}

⑦设置新闻标题<h1>标记的 CSS 样式。

.news h1 {height:40px;line-height:40px;text-align:center;font-size:18px;}

⑧设置发布时间(来源、点击数)区域<div>标记的 CSS 样式。

.news .time {text-align:center;border-bottom:solid 2px #ccc;}

⑨设置发布时间、来源、点击数 3 个区域<span>标记的 CSS 样式。

.news .time span {font-size:14px;color:#bbb;margin:0 10px;}

⑩设置图片所在段落<p>标记的 CSS 样式。

.news .content .image {text-align:center;text-indent:0;}

⑪设置段落<p>标记的 CSS 样式。

.news .content p {text-indent:2em;margin:10px 0;}

margin 属性设置 4 个<p>标记之间垂直方向的距离为 10 px。

⑫设置供稿单位<div>标记的 CSS 样式。

.news .content .author {text-align:right;color:#aaa;}

任务的完整 CSS 代码见二维码 6-2。

6.3 储备知识点

6.3.1 关系选择器

为了更好地理解 CSS 关系选择器,首先需要知道 HTML 标记之间的关系。

HTML 标记之间有两种关系:父子关系和兄弟关系。

- 父子关系:嵌套的标记之间,直接包含子元素的元素称作父元素,直接被父元素包含的元素称作子元素。如果是多层嵌套,直接或间接包含后代元素的元素称作祖先元素,直接或间接被祖先元素包含的元素称作后代元素。

- 兄弟关系:拥有相同父元素的元素之间是兄弟关系。

```
<section>
    <div>
        <h1></h1>
```

```
            <p></p>
            <p></p>
        </div>
</section>
```

以上述 HTML 代码为例。如果要讨论<section>标记和<div>、<h1>、<p>三个标记之间的关系,则<section>标记是<div>、<h1>、<p>标记的父元素或祖先元素,反过来说,<div>、<h1>、<p>标记是 section 的子元素或后代元素。

如果要讨论<div>标记和<h1>、<p>两个标记之间的关系,则<div>标记是<h1>、<p>标记的父元素或祖先元素,<h1>、<p>标记是<div>的子元素或后代元素。

标记之间的关系是相对的,通过刚才的分析可知,div 既可以是子元素,也可以是父元素。

CSS 关系选择器是体现选择器之间关系的某种机制。把两个或多个基础选择器组合在一起,就形成了一个复杂的关系选择器。关系选择器的本质是体现 HTML 标记之间的关系,通过关系选择器可以精确匹配 HTML 结构中特定范围的元素,以缩减 CSS 代码。

按照 HTML 标记之间的关系,CSS 提供了四种关系选择器,它们分别是:

- 后代选择器;
- 子选择器;
- 相邻兄弟选择器;
- 通用兄弟选择器。

1. 后代选择器

后代选择器用来选中指定元素的所有后代元素(直接子元素和间接子元素)。

其基本语法格式如下:

```
祖先 后代 {CSS 属性}
```

选择器之间用空格分隔,选择器可以是两个或两个以上,选择器写得越多越精确。例如,在 example6-01.html 的代码中,对 div 中的三个<p>标记(段落 1、段落 2)设置相同的样式,可以使用后代选择器。

```
<style>
    div p {background-color:yellow;}
</style>
<body>
    <div>
        <p>div 中的段落 1</p>
        <section>
            <p>div 中的段落 2</p>
        </section>
    </div>
    <p>段落 3,不在 div 中</p>
</body>
```

在使用关系选择器之前,要先分析 HTML 结构,通过标记之间的关系选择合适的关系选择器。本例中,需要设置样式的两个<p>标记都是 div 的子元素,其中段落 1 所在的<p>标记是 div 的直接子元素,段落 2 所在的<p>标记是 div 的间接子元素(中间隔了 section 标记),所以使用后代选择器可以选中这两个<p>标记。在CSS代码中使用div、p来选中这两个<p>标记,显示效果如图6-5所示,div中两个段落背景色设置为黄色。

例如,对<section>标记中的<p>标记设置样式,同样以div和p之间的关系来使用后代选择器,可以将选择器之间的关系设置得更为精准一些,将上例中CSS部分代码修改为example6-01.html代码,如下。

```
<style>
    div section p {background-color:yellow;}
</style>
```

显示效果如图6-6所示,只有<section>标记中的<p>标记背景色被设置为黄色。

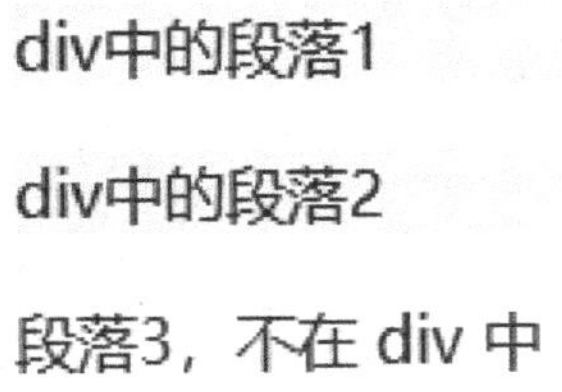

图6-5 使用后代选择器的效果1 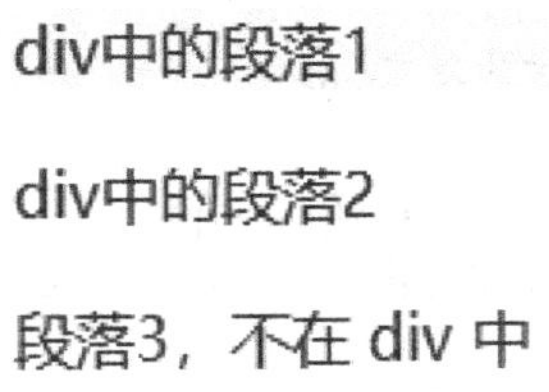　　图6-6 使用后代选择器的效果2

2.子选择器

子选择器用来选中指定元素的所有直接子元素。

基本语法格式如下:

父元素>直接子元素 {CSS 属性}

选择器之间用">"分隔,选择器可以是两个或两个以上。

还是沿用后代选择器案例中的HTML结构,对div中的前两个<p>标记(段落1、段落2)设置相同的样式,可以使用子选择器,例如example6-03.html中的代码。

```
<style>
    div>p {background-color: yellow;}
</style>
```

显示效果如图6-7所示,div中的第一个<p>标记背景色被设置为黄色。

div>p可理解为:选中"<div>标记的"直接子元素p,div中的第一个<p>标记是div的直接子元素,被选中且背景被设置为黄色;而section中的<p>标记虽然是div的子元素,但不是直接子元素,中间隔了一个<section>标记,所以未被选中;段落3所在<p>标记不是div的子元素,所以也未被选中。

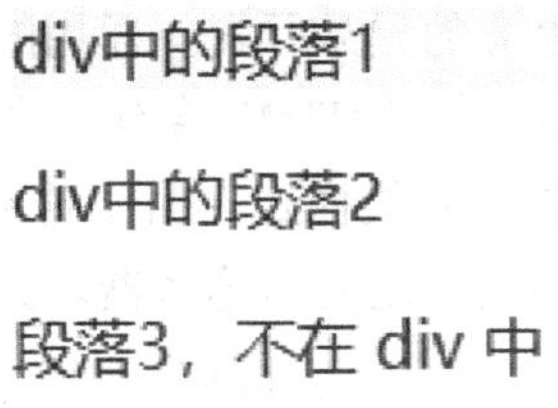

图6-7 使用子选择器时的效果

可以由元素选择器、class选择器、id选择器等构成关系选择器,而不是只能用元素选择器来构成关系选择器。

3.相邻兄弟选择器

相邻兄弟选择器选中指定元素的相邻的一个兄弟元素。

基本语法格式如下：

当前元素+下一个元素 {CSS 属性}

多个选择器之间用加号"+"分隔，"相邻"的意思是"紧随其后"，即指定元素下方的兄弟元素，而不是上方的兄弟元素，而且选择紧挨着的、有且仅有的一个兄弟元素。

例如，在example6-04.html的代码中，为段落3所在<p>标记设置单独的样式。

```
<style>
    div+p {background-color:yellow;}
</style>
<body>
    <h1>标题</h1>
    <p>div 上方的段落</p>
    <div>
        <p>div 中的段落 1。</p>
        <p>div 中的段落 2。</p>
    </div>
    <p>段落 3。不在 div 中。</p>
    <p>段落 4。不在 div 中。</p>
<body>
```

通过观察HTML结构，发现段落3所在<p>标记是紧挨着div下方的元素，且div是唯一的一个元素，所以通过相邻兄弟选择器div+p可以实现该需求。和之前的关系选择器一样，div是限定条件，+表示选择div下方紧挨着的兄弟元素，p表示<p>标记是<div>标记的兄弟元素，合起来即表示，选中<div></div>标记下方的紧挨着的第一个兄弟<p>标记，则段落3所在的<p>标记被选中，显示效果如图6-8所示，段落3所在<p>标记的背景色被设置为黄色。

4. 通用兄弟选择器

通用兄弟选择器选中指定元素的所有兄弟元素。其基本语法格式如下。

当前元素~兄弟元素 {CSS 属性}

多个选择器之间用波浪线"~"分隔，和相邻兄弟选择器一样，指定元素下方的兄弟元素，而不是上方的兄弟元素。通用的意思是下方所有的兄弟元素。

沿用上例的HTML结构，例如在example6-05.html的代码中，希望为段落3和段落4所在<p>标记设置相同的样式。由于这两个段落所在<p>标记都在div的下方且和div是兄弟关系，因此可以使用通用兄弟选择器。其基本语法格式如下。

```
<style>
    div~p {background-color:yellow;}
</style>
```

显示效果如图6-9所示。

相邻兄弟选择器和通用兄弟选择器受限于特殊的HTML结构，使用范围相对较窄，大家可以根据实际需求使用这两种关系选择器。

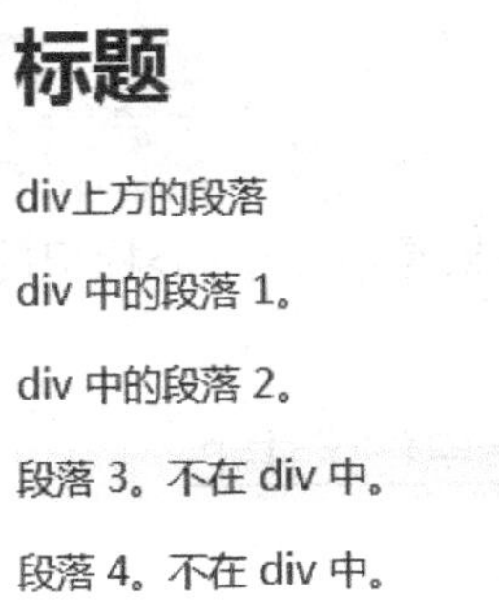

标题

div 上方的段落

div 中的段落 1。

div 中的段落 2。

段落 3。不在 div 中。

段落 4。不在 div 中。

图6-8 使用相邻兄弟选择器的效果

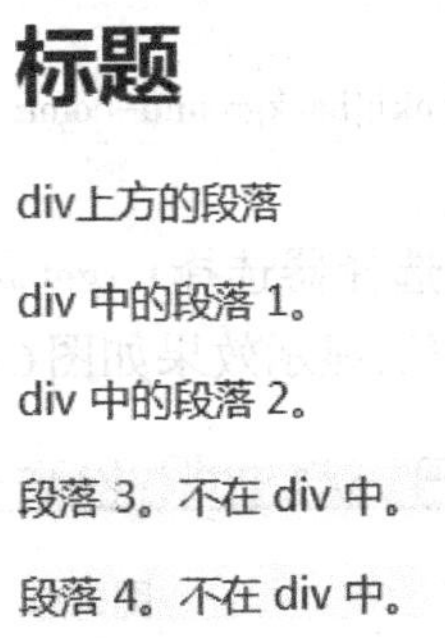

标题

div 上方的段落

div 中的段落 1。

div 中的段落 2。

段落 3。不在 div 中。

段落 4。不在 div 中。

图6-9 使用通用兄弟选择器的效果

6.3.2 常用属性选择器

属性选择器主要用来为带有特定属性的HTML元素设置样式。例如<a>标记的target属性、<input>标记的type属性等。当然也可以通过属性选择器为带有任意属性的HTML元素设置样式，只不过这样做没有使用基础选择器那么方便。

1. [attribute]选择器

[attribute]选择器用于选取带有指定属性的元素。attribute表示属性名，即不要求属性值，只要HTML元素设置了该属性，就能被选中。

例如，在example6-06.html的代码中，为带有target属性的元素设置样式如下。

```
<style>
    a[target] {background-color:yellow;}
</style>
<body>
    <a href="#">甘肃林业职业技术学院官网</a>
    <a href="#" target="_blank">信息工程学院</a>
    <a href="#" target="_top">信息技术中心</a>
</body>
```

在HTML结构中，有两个<a>标记设置了target属性，在CSS中通过[target]属性选择器选中这两个<a>标记，显示效果如图6-10所示。这两个设置了target属性的<a>标记背景色均被设置为黄色。

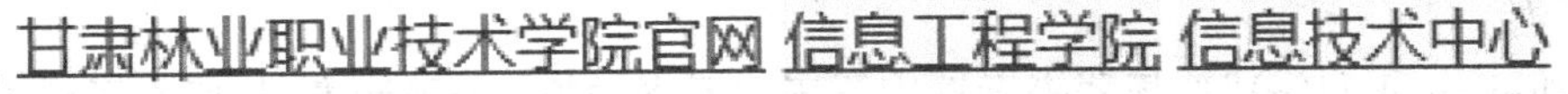

甘肃林业职业技术学院官网 信息工程学院 信息技术中心

图6-10 使用[attribute]属性选择器的效果

2. [attribute="value"]选择器

[attribute="value"]选择器用于选取带有指定属性和属性值的元素。attribute表示属性名，value表示属性的值。

沿用上例的HTML代码，例如，在example6-07.html的代码中，为设置了target属性且属性值等于"_blank"的元素设置样式，将CSS部分代码修改如下。

```
<style>
    [target=_blank] {background-color:yellow;}
</style>
```

通过属性选择器选择target属性的值，等于<blank>标记。结果是第二个<a>标记的背景色被设置为黄色，显示效果如图6-11所示。

甘肃林业职业技术学院官网 信息工程学院 信息技术中心

图6-11　使用[attribute="value"]选择器的效果

当然，可以在“[……]”的前面加上限定条件，进一步限定设置了该属性和值的元素是哪类元素。例如，在example6-08.html的代码中，将上例代码的CSS部分修改如下。

```
<style>
    a[target=_blank] {background-color:yellow;}
</style>
```

a[target=_blank]表示选中的元素是<a>标记，且<a>标记设置了target属性并且属性值是“_blank”。

其他属性选择器请自行查阅CSS参考手册。

6.3.3　常用伪类选择器

所谓伪类，就是元素在某一个时刻所处的特殊状态。

前面已经介绍了超链接<a>标记，该标记具有四种特殊的状态，HTML默认为<a>标记的四种状态设置了一些样式。CSS对伪类做了扩展，使得所有的HTML标记都可以拥有特殊状态。

CSS3共有31种伪类选择器，在此只列举比较常用的伪类选择器，其余伪类选择器请查阅CSS参考手册。

1. 锚伪类选择器

锚伪类选择器就是“:link”“:visited”“:hover”以及“:active”四个伪类选择器的统称。

2. “:nth-child(n)”选择器和“:nth-last-child(n)”选择器

“:nth-child(n)”选择器表示选中属于父元素的第*n*个子元素，从所有子元素中的第一个子元素开始。

“:nth-last-child(n)”选择器表示选中属于父元素的第*n*个子元素，从所有子元素中的最后一个子元素开始。

*n*表示子元素的位置，从1开始计数。*n*可以是数字、关键词或公式。

例如，在example6-09.html中有如下代码。

```
<style>
    p:nth-child(2) {background:yellow;}
</style>
<body>
    <h1>这是标题</h1>
    <p>第一个段落。</p>
```

```
  <p>第二个段落。</p>
  <p>第三个段落。</p>
  <p>第四个段落。</p>
</body>
```

"p:nth-child(2)"的含义为 p 表示<p>标记是子元素。本例中，<p>标记是 body 的子元素，":nth-child(2)"表示<p>标记是 body 的所有子元素中的第二个子元素，所以第一个段落所在 p 是 body 的第二个子元素，它被选中且背景色被设置为黄色。显示效果如图 6-12 所示。

例如，在 example6-10.html 的代码中，将上例代码中的选择器修做如下修改。

```
<style>
    p:nth-last-child(2) {background-color: yellow;}
</style>
```

这表示从最后一个子元素开始计算，则第三个段落所在<p>标记被选中，背景色被设置为黄色，显示效果如图 6-13 所示。

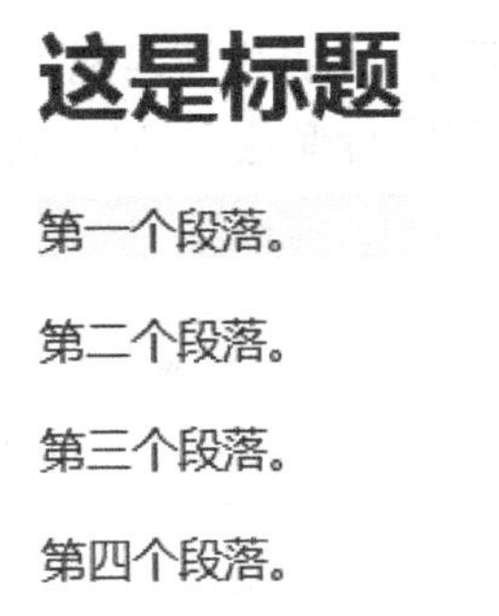

图 6-12 使用":nth-child(n)"选择器的效果 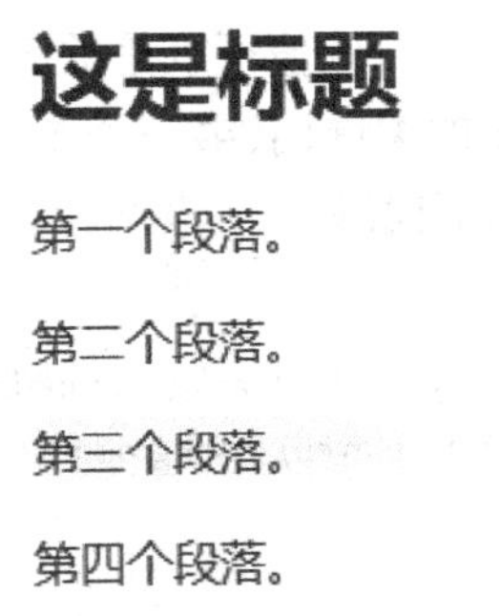　　图 6-13 ":nth-last-child(n)"选择器的效果

3. ":nth-of-type(n)"选择器和":nth-last-of-type(n)"选择器

":nth-of-type(n)"选择器表示选中属于父元素的选定子元素的第 n 个子元素，从选定子元素中的第一个子元素开始计数。

":nth-last-of-type(n)"选择器表示选中属于父元素的选定子元素的第 n 个子元素，从选定子元素中的最后一个子元素开始计数。

沿用上例的 HTML 结构，例如，在 example6-11.html 的代码中，将 CSS 部分进行如下修改。

```
<style>
    p:nth-of-type(2) {background:yellow;}
</style>
```

"p:nth-of-type(2)"的含义为 p 表示<p>标记是子元素。本例中，<p>标记是 body 的子元素。":nth-of-type(2)"表示<p>标记是 body 中，所有<p>标记中的第二个子元素，第二个段落所在 p 是 body 中所有<p>标记里的第二个子元素，被选中且背景色被设置为黄色。显示效果如图 6-14 所示。

例如，在 example6-12.html 的代码中，将上例中的选择器修改如下。p:nth-last-of-type(2)。

```
<style>
    p:nth-last-of-type(2) {background-color:yellow;}
</style>
```

这表示从同类的最后一个子元素开始计算,使倒数第二个段落所在<p>标记被选中,且背景色被设置为黄色,显示效果如图6-15所示。

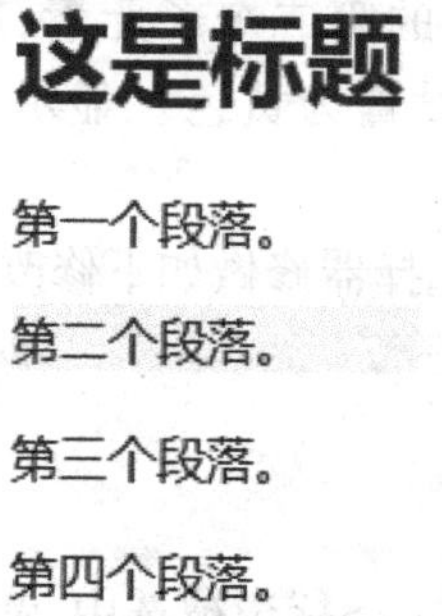

这是标题

第一个段落。

第二个段落。

第三个段落。

第四个段落。

图6-14 使用":nth-of-type(n)"的效果

这是标题

第一个段落。

第二个段落。

第三个段落。

第四个段落。

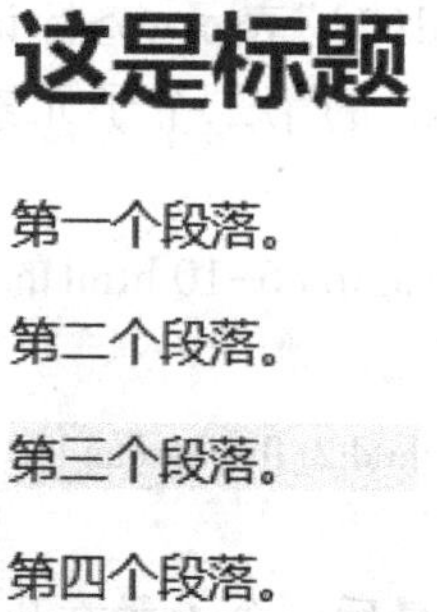

图6-15 使用":nth-last-of-type(n)"的效果

前面提到,n的值可以是关键词。odd(奇数)和even(偶数)是可用于匹配下标是奇数或偶数的子元素的关键词(第一个子元素的下标是1),可以实现隔行变色。例如,在example6-13.html中有如下代码。

```
<style>
    p:nth-of-type(odd) {background:#fff;}
    p:nth-of-type(even) {background:#ccc;}
</style>
<body>
    <h1>这是标题</h1>
    <p>第一个段落。</p>
    <p>第二个段落。</p>
    <p>第三个段落。</p>
    <p>第四个段落。</p>
    <p>第五个段落。</p>
</body>
```

这里使用":nth-of-type(n)"的原因是<h1>标记不参与隔行变色,所以要选定<p>标记并为其设置样式,其显示效果如图6-16所示。

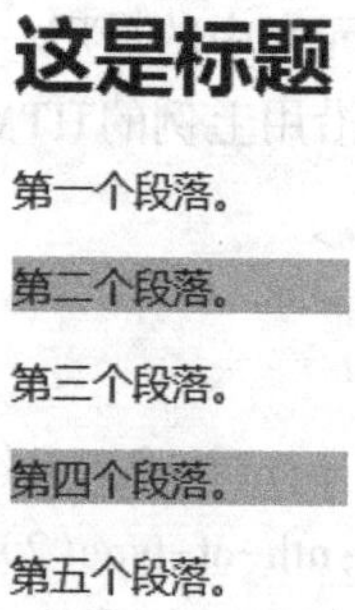

6.3.4 常用伪元素选择器

CSS伪元素选择器用于设置选中的元素中指定部分的样式。

在CSS1和CSS2版本中,伪类和伪元素都使用了单冒号语法。在CSS3中,为了区分伪类选择器和伪元素选择器,便以双冒号取代单冒号进行表示。

这是标题

第一个段落。

第二个段落。

第三个段落。

第四个段落。

第五个段落。

图6-16 隔行变色的效果

1. "::before"伪元素

"::before"选择器用于在元素内容之前插入一些内容,一般配合content属性,而content

属性是用来插入内容的。例如,在example6-14.html中有如下代码。

```
<style>
    p::before {content:"内容:";color:red;font-weight:bold;}
</style>
<body>
    <h1>这是一个标题</h1>
    <p>伪元素在一个元素的内容之前插入内容。</p>
</body>
```

"p::before"中的p表示用元素选择器选中<p>标记,"::before"表示在<p>标记内部的最前面插入内容,content属性提供了插入的内容为"内容:",声明块中的属性都是用来设置content属性所插入内容的样式的。代码执行后的显示效果如图6-17所示。

2. "::after"伪元素

"::after"选择器可用于在元素内容的最后插入一些内容,一般也需要配合content属性。例如,在example6-15.html有如下代码。

```
<style>
p::after {content:"我是使用伪元素插入的内容";}
</style>
<body>
<h1>这是一个标题</h1>
<p>::after 伪元素在一个元素之后插入内容。</p>
</body>
```

"p::after"中的p表示用元素选择器选中<p>标记,"::after"表示在<p>标记内部的最后插入内容,content属性提供了插入的内容——"我是使用伪元素插入的内容"。和"::before"一样,声明块中的属性都是用来设置content属性所插入内容的样式的,其显示效果如图6-18所示。

这是一个标题

内容:伪元素在一个元素的内容之前插入内容。

图6-17 使用"::before"选择器的效果

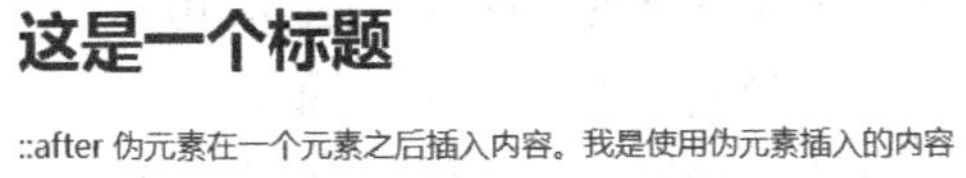

这是一个标题

::after 伪元素在一个元素之后插入内容。我是使用伪元素插入的内容

图6-18 使用"::after"选择器的效果

6.3.5 CSS 3样式的继承、优先级和层叠

1.样式的继承

继承是CSS里一个很重要的概念。当为某个元素设置CSS样式时,这些样式不仅会影响该元素,还会影响其子元素。也就是说,这些子元素继承了其祖先元素的样式。需要注意的是,并不是所有属性都能被继承。例如,在example6-16.html中有如下代码。

```
<style>
    body {font-size:20px;font-weight:bold;border:solid 1px red;}
</style>
<body>
    <div>
```

```
        div 中的文字样式继承自 body 标记
        <p>段落的样式继承自 body 标记</p>
    </div>
</body>
```

在 CSS 中设置了 <body> 标记的样式,div 和 p 都是 body 的子元素,div 和 p 都继承了 <body> 标记的 font-size 样式和 font-weight 样式,而 border 属性的样式没有被继承,所以其显示效果如图 6-19 所示。

> div中的文字样式继承自body标签
> 段落的样式继承自body标签

图6-19 使用继承设置子元素样式的效果

利用继承可以简化样式表。在编写 CSS 时要牢记这一规则,并有效地利用继承。大家在查阅 CSS 手册时需要积累能够使用继承的属性。

2. 样式的优先级和层叠

将多个样式规则应用于同一元素的情况并不少见。这里所说的样式规则是指使用不同的选择器选中了同一个元素,并且多个选择器为同一个元素设置了相同的属性。这种情况下,CSS 具有如下优先级法则:

- 每种选择器都有一个权重值,权重越大越优先。
- 当权重相等时,后出现的样式优于先出现的样式表设置。
- 网页编写者设置的 CSS 样式的优先权高于 HTML 元素的默认样式。

权重如何计算呢? 不同的选择器有不同的权重:

- 行内式中设置的样式:权重是 1 000。
- id 选择器设置的样式:权重是 100。
- 类选择器设置的样式:权重是 10。
- 元素选择器设置的样式:权重是 1。
- 通用选择器设置的样式:暂无数据,权重介于元素选择器和继承样式之间。
- 继承下来的样式:权重是 0.1。

属性选择器、伪类选择器、伪元素选择器是附加在元素选择器、id 选择器、类选择器上的,它们的权重按照这三类选择器的权重来计算即可。

关系选择器是由上述选择器组合而成的,权重是上述选择器的权重之和。例如,在 example6-17.html 中有如下代码。

```
<style>
    #div1 p{font-size:20px;}
    .outer .inner p {font-size:18px;}
</style>
<body>
    <div id="div1" class="outer">
        <div class="inner">
```

```
            <p>段落中的文字</p>
        </div>
    </div>
</body>
```

上述代码使用两个后代选择器选中了同一个标记<p>标记,这两个选择器都设置了相同的font-size属性,所以需要比较权重。第一个选择器由一个id选择和一个元素选择器组成,根据权重计算,id选择器的权重是100,元素选择器的权重是1,所以总权重是101。第二个选择器也是关系选择器,由两个类选择器和一个元素选择器组成,根据权重计算,类选择器的权重是10,元素选择器的权重是1,总权重是21。所以,第一个选择器的权重大,最终文字字号是20 px。

项目 7

"宏伟蓝图满怀激情 初心如磐砥砺奋进 ——信息工程学院师生热议党的二十大报告" 新闻页面的制作

7.1 学习目标

①理解盒子模型的构成。
②掌握盒子模型相关属性。
③理解外边距合并的原理和作用。
④掌握元素类型及每种类型的特点。
⑤掌握元素类型的转换属性。
⑥掌握盒子大小的计算方式。

盒子模型的知识导图如图7-1所示。

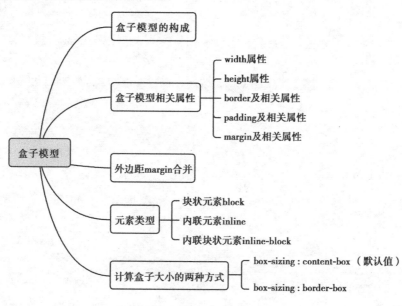

图7-1 盒子模型的知识导图

项目7 "宏伟蓝图满怀激情 初心如磐砥砺奋进——信息工程学院师生热议党的二十大报告"新闻页面的制作

7.2 实训任务

7.2.1 实训内容

制作"宏伟蓝图满怀激情 初心如磐砥砺奋进——信息工程学院师生热议党的二十大报告"新闻页面。

①使用盒子模型相关原理对HTML元素进行页面布局。
②使用基础选择器和高级选择器对相应的HTML元素进行CSS样式的设置。
③通过CSS盒子模型及其他属性进行CSS样式的设置,做到和设计图相同的显示效果。

最终效果如图7-2所示。

图7-2 新闻页面的最终效果

7.2.2 设计思路

页面分为五个区域,具体的设计思路如下。

1. 整体结构分析

从整个页面的功能分析,该页面分为五大区域:头部logo区域、导航区域、当前位置区域、新闻区域和底部版权区域,且这五个区域各自独占一行,从上到下依次排列,符合盒子模型中块状元素的特点,我们采用块状元素对这五个区域进行布局。由于每个区域的样式不同,所以需要为每个区域设置一个class属性来区分这五个区域。

对于这种各个区域宽度不一致的布局场景,就不能像之前那样设置一个整体区域,而是要实现每个区域的分别设置。

2. 具体区域设计

(1) 头部logo区域分析

该区域宽度占满整个浏览器的宽度。对于这种全屏宽的显示方式,不同显示器的分辨率不一样,所以图片应以背景图的方式引入,且背景图选择一个主流的分辨率宽度即可,目前主流全屏宽度为1 920 px。

(2) 导航区域分析

该区域也是全屏宽,但是导航栏目中一般会选择列表ul、li的组合标记,li中使用<a>标记设置栏目名称的超链接。导航栏目要水平排列且水平居中对齐,所以可以通过CSS将li由块状元素转为内联块状元素,以父元素的水平对齐属性保证内部的li在ul中水平排列且水平居中对齐。

(3) 当前位置区域分析

该区域宽度为整个网页版心的宽度,区域内显示相关文本即可。

(4) 新闻区域分析

该区域宽度为整个网页版心的宽度,内部包含新闻标题、发布时间、新闻正文共三部分,所以需要设置一个整体区域,其内部再包含上述三个区域即可。这三个区域从上到下依次排列,所以要选择三个块状元素。

发布时间区域又细分为发布时间、来源和点击数三部分,且这三部分水平排列,此处选择三个内联元素即可。

新闻正文区域包含五个段落(包括供稿单位),从上到下依次排列,所以使用含有语义的块状元素<p>标记,既满足了语义,又让段落从上到下依次排列。

(5) 底部版权区域分析

该区域全屏宽,内部包含版权和联系地址共两个区域。这两个区域上下排列,应选择两个块状元素,且这两个区域水平居中对齐,所以要设置这两个区域的宽度为版心宽度,再利用margin属性水平居中对齐块状元素。

HTML结构如图7-3所示。

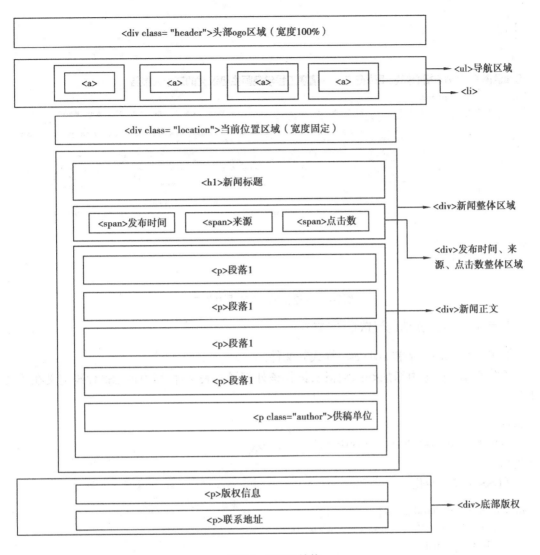

图7-3 HTML结构

7.2.3 实施步骤

1.步骤一:创建新闻页面的结构

①新建项目chapter07。
②在项目chapter07内创建新闻页面,命名为"lesson07.html"。
③设置页面布局。
任务代码见二维码7-1。

运行lesson07.html页面,页面未经CSS修饰的显示效果如图7-4所示,接下来继续用CSS修饰该页面,实现最终显示效果。

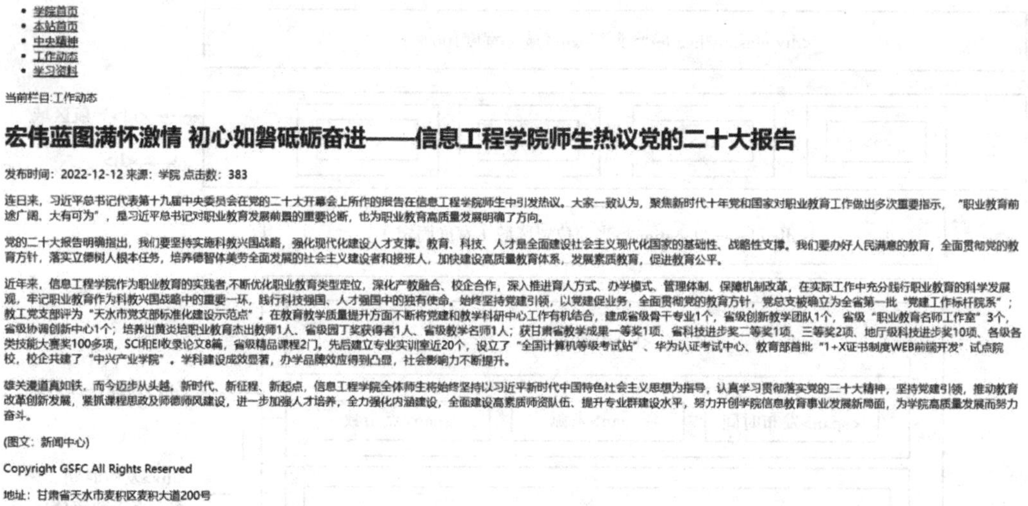

- 学院首页
- 本站首页
- 中央精神
- 工作动态
- 学习资料

当前栏目:工作动态

宏伟蓝图满怀激情 初心如磐砥砺奋进——信息工程学院师生热议党的二十大报告

发布时间:2022-12-12 来源:学院 点击数:383

连日来,习近平总书记代表第十九届中央委员会在党的二十大开幕会上所作的报告在信息工程学院师生中引发热议。大家一致认为,聚焦新时代十年党和国家对职业教育工作做出多次重要指示,"职业教育前途广阔、大有可为",显习近平总书记对职业教育发展前最的重要论断,也为职业教育高质量发展明确了方向。

党的二十大报告鲜明指出,我们要坚持实施科教兴国战略,强化现代化建设人才支撑。教育、科技、人才全面建设社会主义现代化国家的基础性、战略性支撑,我们要办好人民满意的教育,全面贯彻党的教育方针,落实立德树人根本任务,培养德智体美劳全面发展的社会主义建设者和接班人,加快建设高质量教育体系,发展素质教育,促进教育公平。

近年来,信息工程学院作为职业教育的实践者,不断优化职业教育类型定位,深化产教融合、校企合作,深入推进育人方式、办学模式、管理体制、保障机制改革,在实际工作中充分践行职业教育的科学发展观,牢记职业教育作为科教兴国战略中的重要一环,践行科技强国、人才强国中的肢有使命,始终坚持党建引领,以党建促业务,全面贯彻党的教育方针,党总支督推动立为全省第一批"党建工作标杆院系",校工党支部评为"天水市党支部标准化建设示范点"。在教育教学质量提升方面不断将党建和教学科研中心工作有机结合,建成省级骨干专业1个,省级创新教学团队1个,省级"职业教育名师工作室"3个,省级中青年调创新中心1个;培养出黄炎培职业教育杰出教师1人、省级厅学成果一等奖1项、省科技进步奖二等奖1项、三等奖2项、地厅级科技进步奖10项、各级各类技能大赛奖100多项、SCI和EI收录论文8篇、省级精品课程2门。先后建立专业实训室近20个,设立了"全国计算机等级考试站"、华为认证考试中心、教育部首批"1+X证书制度WEB前端开发"试点院校,校企共建了"中兴产业学院"。学科建设成效显著,办学品牌效应得到凸显,社会影响力不断提升。

雄关漫道真如铁,而今迈步从头越。新时代、新征程、新起点,信息工程学院全体师生将始终坚持以习近平新时代中国特色社会主义思想为指导,认真学习贯彻落实党的二十大精神,坚持学习引领,推动教育改革创新发展,紧抓课程思政及师德师风建设,进一步加强人才培养,全力强化行风建设,全面建设高素质师资队伍、提升专业群建设水平,努力开创学院信息教育事业发展新局面,为学院高质量发展而努力奋斗。

(图文:新闻中心)

Copyright GSFC All Rights Reserved

地址:甘肃省天水市麦积区麦积大道200号

图7-4 未修饰的HTML页面效果

2.步骤二:为页面结构设置CSS样式

①在CSS目录中新建"style.css"样式表文件。

②在`<head>`标记中增加`<link>`标记,链接该外部样式表文件,所有的CSS代码定义在该文件中。

```
<head>
    <link rel="stylesheet" href="./css/style.css">
</head>
```

③CSS样式初始化。

```
body,ul,h1,p {margin:0;padding:0;}
body {font-family:"微软雅黑" sans-serif;font-size:16px;}
li {list-style-type:none;}
```

④设置头部区域`<div>`标记的CSS样式。

```
.header {width:100%;height:400px;background:url(../img/logo.jpg) no-repeat center center;}
```

⑤设置导航区域的CSS样式。

a.设置导航整体区域`<ul>`标记的CSS样式。

```
.nav {width:100%;text-align:center;background-color:#478cc7;}
```

b.设置`<li>`标记的CSS样式。

```
.nav li {display:inline-block;}
```

c.设置`<a>`标记:link状态的CSS样式。

```
.nav li a {text-decoration:none;display:block;height:60px;line-height:60px;padding:0 20px;font-size:18px;color:#fff;}
```

d.设置`<a>`标记":hover"状态的CSS样式。

.nav li a:hover {background-color:#2d67a8;}

⑥设置当前位置区域的CSS样式。

.location {width: 1170px; height: 50px; line-height: 50px; font-size: 20px; background: #ddd url(../img/icon.png) no-repeat left center;margin: 10px auto;padding-left:30px;}

⑦设置新闻区域的CSS样式。

a.设置新闻总体区域\<div\>标记的CSS样式。

.main {width:1200px;margin:0 auto;}

b.设置新闻标题\<h1\>标记的CSS样式。

.main h1 {height:40px;line-height:40px;text-align:center;font-size:22px;font-weight:bold;}

c.设置发布时间(来源、点击数)总体区域\<div\>标记的CSS样式。

.main .time {height:40px;line-height:40px;text-align:center;border-bottom:solid 2px #ccc; }

d.设置发布时间、来源、点击数三个区域\<span\>标记的CSS样式。

.main .time span {font-size:14px;color:#bbb;padding:0 10px;}

e.设置新闻正文段落\<p\>标记的CSS样式。

.main p {text-indent:2em;font-size:18px;line-height:2em;margin-top:20px;}

f.设置供稿单位区域的CSS样式。

.main .author {text-align:right;color:#aaa;}

⑧设置底部版权区域的CSS样式。

a.设置底部整体区域\<div\>标记的CSS样式。

.footer {width:100%;background-color:#478cc7;}

b.设置版权区域和联系地址区域的CSS样式。

.footer p {width:1200px;margin:0 auto;height:40px;line-height:40px;color:#fff;font-size:16px;text-align:center;}

任务的完整CSS代码见二维码7-2。

7-2

7.3 储备知识点

7.3.1 CSS盒子模型

现实世界的盒子有边框、长度和宽度,在盒子里可以放物品。为了保证物品不被损坏,还要在物品的周围加一些填充物。如果盒子比较多,有时还要考虑盒子之间的距离。

同样的道理,每个HTML标记都有边框、宽度、高度、边距等属性,所以可把HTML标记看成一个个盒子,通过对CSS相关属性的设置完成网页布局。布局时,只需设置盒子布局的相关属性,并把盒子摆放到网页的对应位置。

一个盒子分成以下几个部分:内容区(包括宽度和高度)、内边距、边框、外边距,如图7-5所示。

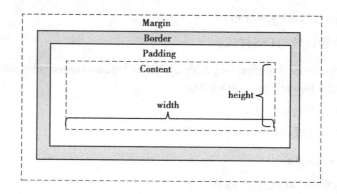

图7-5 盒子模型的结构

7.3.2 盒子模型相关属性

1. width属性和height属性

默认情况下,这两个属性用来设置内容区的大小。内容区指的是盒子中放置内容的区域,既可以是子元素,也可以是文本。

通过width属性设置内容区域的宽度,通过height属性设置内容区域的高度。内容区的大小决定了其内部子元素的范围。

内容宽和内容高的值常用两个单位:px和百分比。

需要注意的是,width属性和height属性不能应用于内联元素,至于什么是内联元素,后文将进行说明。例如,example7-01.html中的代码如下。

```
<style>
    div {width:100px;height:100px;background-color:#ccc;}
</style>
<body>
    <div>文本内容</div>
</body>
```

设置width值为100 px,height值为100 px,为了方便观察内容区的范围,可以设置一个背景颜色,显示效果如图7-6所示。

图7-6 设置widht和height属性的效果

2. border及其相关属性

Ⅰ.如果四个方向的边框样式相同,可以使用border属性进行设置。

border属性是一个复合属性,即border-width、border-style及border-color的简写属性,该属性可用来设置盒子的边框样式,其基本语法格式如下。

border:边框宽度 边框线型 边框颜色

3个属性值的顺序可以任意安排,属性值之间用空格分隔。例如"border:1px red solid;"命令一次性设置了四个方向边框的宽度、颜色和线型,四个方向的值相同。

边框有以下一些线型可以选择。

①none：表示没有边框，主要用于取消某些元素自带的边框，例如<input>标记。
②dotted：点线。
③dashed：虚线。
④solid：实线。
⑤double：双线。

更多的线型设置可以查阅CSS参考手册。例如，example7-02.html中有如下代码。

```
<style>
    div {width:100px;height:100px;background-color:#ccc;border:5px solid #000;}
</style>
<body>
    <div>文本内容</div>
</body>
```

其在上个例子的基础上增加了border属性，设置边框样式：宽度5 px，实线，黑色。显示效果如图7-7所示，且四个方向的边框样式相同。

Ⅱ. 如果四个方向边框的宽度、线型和颜色不一样，则可以使用border-width属性设置边框的宽度，border-style属性设置边框的线型，border-color属性设置边框的颜色。如果要单独设置边框的宽度、线型和颜色，则这三个属性都要设置，缺一不可。

基本语法格式如下。

图7-7　设置border属性的效果

```
border-width:上边框宽度 右边框宽度 下边框宽度 左边框宽度
border-style:上边框线型 右边框线型 下边框线型 左边框线型
border-color:上边框颜色 右边框颜色 下边框颜色 左边框颜色
```

需要注意的是，这三个属性必须按照"上、右、下、左"的顺序设置，属性值之间用空格分隔。大家可想象将四个值按时钟的顺时针方向摆放，便于记忆。

这三个属性的值最少可以设置一个，也可以是两个值、三个值，但最多只能有四个值，设置规则如下。

①规则1：只有一个值，则四个方向都是这个值。
②规则2：值是四个，则按"上、右、下、左"的顺序进行设置。

例如，在example7-03.html中有如下代码。

```
<style>
    div {width: 100px; height: 100px; background-color:#ccc; border-style: solid; border-color: #000; border-width: 2px 4px 6px 8px;}
</style>
<body>
    <div>文本内容</div>
</body>
```

按照规则1，边框线型指定了一个值，四个方向都为实线，边框颜色指定了一个值，四个方向都是黑色；按照规则2，边框宽度指定了四个值，上边框宽度为2 px，右边框宽度为4 px，下边框宽度为6 px，左边框宽度为8 px。显示效果如图7-8所示。

③规则3：值不足四个，则缺少的值和对边相等。例如，在example7-04.html中有如下代码。

```
<style>
    div {width: 100px; height: 100px; background-color: #ccc; border-style: solid; border-color: #000; border-width: 2px 4px 6px;}
</style>
<body>
    <div>文本内容</div>
</body>
```

执行上述代码后,分别指定上、右、下这三个方向的边框宽度为 2 px、4 px 和 6 px,而缺少的左边框宽度值默认和右边框宽度值相同,都为 4 px。显示效果如图 7-9 所示。

图 7-8　设置 4 个方向的 margin 属性的效果　　　图 7-9　设置 3 个方向的 margin 属性的效果

例如,在 example7-05.html 中有如下代码。

```
<style>
    div {width: 100px; height: 100px; background-color: #ccc; border-style: solid; border-color: #000; border-width: 2px 4px;}
</style>
<body>
    <div>文本内容</div>
</body>
```

上述代码分别指定上、右这两个方向的边框宽度,而缺少的下边框和左边框宽度则取对边的值,即下边框的宽度是 2 px,左边框的宽度是 4 px。显示效果如图 7-10 所示。

Ⅲ.由于边框有四个方向,也可以按照方向来设置边框的宽度、线型和颜色。

①border-top:设置上边框的宽度、颜色和线型。

②border-right:设置右边框的宽度、颜色和线型。

③border-bottom:设置下边框的宽度、颜色和线型。

④border-left:设置左边框的宽度、颜色和线型。

图 7-10　设置 2 个方向的 margin 属性的效果

这样可以将四个方向的边框设置为不同的样式。

Ⅳ.也可以将方向和宽度、线型和颜色分别组合起来,形成更多属性。这些属性设置得越具体,越能表示某个方向的边框的某种属性。

例如,border-top-width 用于设置上边框的宽度;border-top-style 用于设置上边框的线型;border-top-color 用于设置上边框的颜色。其他方向可使用的属性请自行查阅 CSS 参考手册。

3. padding 及其相关属性

Ⅰ. 通过 padding 属性一次性设置四个方向的内边距。其设置规则和 border-width、border-style、border-color 相同。

padding 属性是一个复合属性，是 padding-top、padding-right、padding-bottom、padding-left 的简写属性。该属性用于设置盒子的内边距。内边距指的是元素内容区与边框之间的距离。内边距不能显示子元素的内容，但可以显示背景。其基本语法格式如下。

padding：上内边距 右内边距 下内边距 左内边距

例如，在 example7-06.html 中有如下代码。

```
<style>
    div {width:100px;height:100px;background-color:#ccc;border:solid 2px #000;padding:10px;}
</style>
<body>
    <div>文本内容</div>
</body>
```

上述代码表示设置四个方向的 padding 值为 10 px，即边框和内容区之间的四个方向都有 10 px 的距离，并且背景从边框开始显示，包括内边距所在区域。显示效果如图 7-11 所示。

Ⅱ. 也可以使用 padding-top、padding-right、padding-bottom、border-left 这四个属性分别指定上、右、下、左这四个方向的内边距。

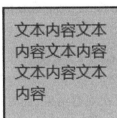

图 7-11 设置 padding 属性的效果

①padding-top：设置上内边距。
②padding-right：设置右内边距。
③padding-bottom：设置下内边距。
④padding-left：设置左内边距。

4. margin 及其相关属性

①可以通过 margin 属性一次性设置四个方向的外边距。其设置规则和 border-width、border-style、border-color 相同。

margin 属性是一个复合属性，是 margin-top、margin-right、margin-bottom、margin-left 的简写属性。该属性用于设置盒子的外边距。外边距指的是元素与元素之间的距离，既可以是兄弟元素之间的距离，也可以是父子元素之间的距离。通常情况下，建议父子元素之间的距离使用 padding 设置，如使用 margin 则有可能发生外边距合并的现象。

使用 margin 的基本语法格式如下。

margin：上外边距 右外边距 下外边距 左外边距

例如，在 example7-07.html 中有如下代码。

```
<style>
    div {width:100px;height:100px;background-color:#ccc;border:solid 2px #000;margin:10px;}
</style>
<body>
```

```
    <div>文本内容</div>
</body>
```

　　上述代码设置四个方向的 margin 为 10 px，由于 div 是 body 的子元素，所以 div 和 body 之间产生了距离，执行后的显示效果如图 7-12 所示。同时我们发现，上外边距和左外边距的距离似乎不一样，其原因是 <body> 标记默认自带 8 px 的外边距，body 和 html 之间也有 8 px 的距离，所以 div 和浏览器的左边的距离实际是 18 px，而 div 的上外边距和 body 的上外边距发生了外边距合并现象，实际距离是 10 px。

　　同时，由于 div 与浏览器右边和下边的距离远大于 10 px，所以看不到右外边距和下外边距的效果。

　　在为元素设置 margin 属性之前，一定要进行 CSS 初始化，以消除某些元素自带的 margin 值及 padding 值。这里为了方便，使用效率最低的通用选择器对其进行消除。例如，在 example7-08.html 中的 CSS 代码修改如下。

```
<style>
    * {margin:0;padding:0;}
    div {width:100px;height:100px;background-color: #ccc;border:solid 2px #000;margin:10px;}
</style>
<body>
    <div>文本内容</div>
</body>
```

　　再次观察结果，此时 div 的上外边距和左外边距相同，它们和浏览器之间的距离都为 10 px，如图 7-13 所示。

图 7-12　body 自带外边距　　　　　　　　图 7-13　消除 body 默认的外边距

　　② 也可以使用 margin-top、margin-right、margin-bottom、margin-left 这四个属性分别指定上、右、下、左这四个方向的外边距。

　　③ 将左、右外边距设置为 auto 时，浏览器会自动计算左、右外边距的值，并将左、右外边距设置为相等，所以使用 margin: 0 auto 可以使元素在其父元素内居中对齐，这是一个常用的设置。

　　例如，在 example7-09.html 中有如下代码。

```
<style>
    * {margin:0;padding:0;}
    div {width:100px;height:100px;background-color: #ccc;border:solid 2px #000;margin:10px auto;}
</style>
<body>
    <div>文本内容</div>
</body>
```

将 div 的 margin 属性的左、右边距设置为 auto，div 在父元素（body）中居中显示，显示效果如图 7-14 所示。

图7-14　盒子水平居中的效果

7.3.3　外边距合并

外边距合并指的是当两个垂直外边距相遇时，它们将形成一个外边距。合并后的外边距的高度等于两个发生合并的外边距高度中的较大者。

第一种情况：当一个元素出现在另一个元素上面时，第一个元素的下外边距与第二个元素的上外边距会发生合并，如图 7-15 所示。

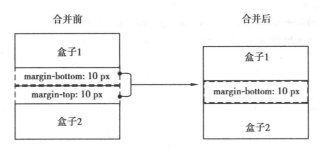

图7-15　垂直外边距合并原理

例如，在 example7-10.html 中有如下代码。

```
<style>
    * {margin:0;padding:0;}
    div {width:50px;height:50px;background-color: #ccc;margin-top:10px;margin-bottom:20px;}
</style>
<body>
    <div>盒子 1</div>
    <div>盒子 2</div>
</body>
```

两个 div 设置了 margin-top 和 margin-bottom 两个边距值，显示效果如图 7-16 所示，盒子 1 的 margin-bottom 为 20 px，盒子 2 的 margin-top 为 10 px。二者之间的外边距发生了合并，为 20 px，并不是 30 px。

图7-16　垂直外边距合并效果

第二种情况：当一个元素包含在另一个元素中时，并且父元素没有内边距或边框把父子元素之间的外边距分隔开了，它们的上外边距或下外边距也会发生合并，如图7-17所示。

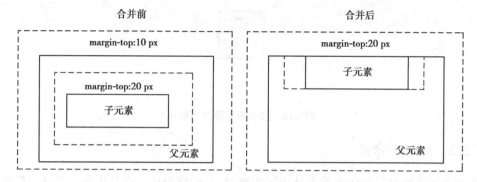

图7-17　父子元素外边距合并原理

例如，在example7-11.html中有如下代码。

```
<style>
    * {margin:0;padding:0;}
    .outer {width:100px;height:100px;margin:10px;background-color:#000;}
    .inner {width: 50px;height:50px;margin:20px;background-color:#ccc;}
</style>
<body>
    <div class="outer">
        <div class="inner"></div>
    </div>
</body>
```

代码的本意是设置父元素的margin-top为10 px，即让父元素和body之间产生10 px的距离，子元素的margin-top为20 px，让子元素和父元素之间产生20 px的距离。但结果是父元素和子元素的上外边距发生了合并现象，取二者的较大值为20 px，并且该值同时设置给了父元素，结果是父元素和body之间产生了20 px的距离，子元素和父元素之间却没有距离。显示效果如图7-18所示。

图7-18　父子元素外边距合并效果

解决办法是给父元素增加border或者padding值。需要注意的是，父元素增加了border或者padding值，会改变父元素的大小，需要相应调整内容的height属性，使父元素的大小保持不变。例如，在example7-12.html中CSS代码修改如下。

```
<style>
    * {margin:0;padding:0;}
    .outer {width:100px;height:80px;margin:10px;padding-top:20px;background-color:#000;}
    .inner {margin:0 20px 20px 20px;margin-top:0;width:50px;height:50px;background-color:#ccc;}
```

```
</style>
<body>
    <div class="outer">
        <div class="inner"></div>
    </div>
</body>
```

可通过设置父元素的padding属性来替代子元素的margin属性。需要注意的是,在进行网页布局时,要根据效果图精确设置每个盒子的大小。为父元素增加上内边距padding-top为20 px,实际改变了父元素的高度值,相应地就要减小内容的高height属性的值,由原来的100 px改为80 px,以保持父元素的总高度不变。同时要取消子元素的上外边距,也就是将上外边距设置为0。显示效果如图7-19所示。

图7-19 消除父子元素外边距合并效果

外边距合并初看上去可能有点奇怪,但实际上,它是有意义的。以由几个段落组成的典型文本页面为例。第一个段落上面的空间等于段落的上外边距。如果没有外边距合并,后续所有段落之间的外边距都将是相邻上外边距和下外边距的和。这意味着段落之间的空间是页面顶部的两倍。如果发生外边距合并,段落之间的上外边距和下外边距就合并在一起,这样各处距离就一致了,如图7-20所示。

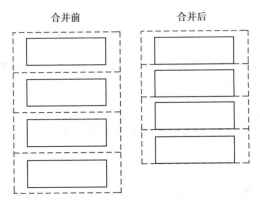

图7-20 外边距合并的意义

只有普通文档流中块状元素的垂直外边距才会发生外边距合并,而内联块状元素、浮动元素或绝对定位之间的外边距则不会合并。

7.3.4 元素类型

上述的盒子模型属性是不是每个元素都能使用呢?并不是。CSS将HTML标记分为三类:块状元素、内联元素和内联块状元素。盒子模型属性并不适用于每种类型的元素。

1. 块状元素（block）

例如，div、p、ul、li、h1~h6 都是块状元素。块状元素主要用来进行网页布局。块状元素的特点如下：

①支持 width、height、margin、padding、border 及相关属性。

②width 属性值默认是父元素宽度的 100%，如果设置了具体值，则其宽度固定，不会被子元素撑开。

③height 属性的默认值是 0，随着子元素高度的增加而被子元素撑开；如果设置了具体值，则其高度固定，不会被子元素撑开。例如，在 example7-13.html 中有如下代码。

```
<style>
    div {border:dotted 10px #000;}
</style>
<body>
    <div></div>
</body>
```

显示效果如图 7-21 所示。可以看到 div 的宽度延伸至父元素 <body> 标记的边界，高度值为 0。

④每个块状元素独占一行。

设置每个盒子的宽度为 100 px，但是每行只显示一个盒子，剩余的空间都不会被其他盒子占用，如图 7-22 所示。

图7-21 块状元素宽高默认的效果

图7-22 块状元素独占一行的效果

2. 内联元素（inline）

例如，b、font、strong、a 等修饰文本的标记都是内联元素。内联元素主要用来设置文本样式，不适合进行网页布局。

内联元素的特点如下：

①只支持 border 属性和左右两个方向的 padding 属性、左右两个方向的 margin 属性。

②内联元素的 width 和 height 属性值默认都为 0，紧贴在文本周围，被文本撑开。

③内联元素在一行排列，占满一行会自动换行。

例如，在 example7-14.html 中有如下代码。

```
<style>
    span,b {width:1000px;height:500px;margin:10px;padding:10px;border:solid 2px #000;}
</style>
<body>
    <div>文本中有一段<span>特殊</span>的文字，<b>加粗</b>显示。这些多余的文本为了让文本产生换行。</div>
</body>
```

为内联元素span和b设置所有盒子模型属性，显示效果如图7-23所示。可以看到，border属性、水平方向的margin属性、水平方向的padding属性生效了，垂直方向的margin属性没有生效，而且两个内联元素在一行显示。

图7-23　内联元素设置所有盒子模型属性的显示效果

这里还有个问题，从效果图中看到，垂直方向的padding属性感觉生效了，但并没有将第二行文本挤开，二者发生了重叠，所以可以认为垂直方向的padding属性并没有生效。

3. 内联块状元素(inline-block)

<img>标记就是内联块状元素。内联块状元素结合了块状元素和内联元素的特点，支持width、height、margin、padding和border属性，元素也在一行显示。其在Firefox、Safari、Google Chrome和IE 8及以上浏览器中是有效的，但是在早期的IE如IE 7和IE6中，就要使用浮动和定位进行水平布局。

例如，在example7-15.html中有如下代码。

```
<style>
    img {width:100px;border:solid 1px #000;margin:10px;padding:10px;background-color: #ccc;}
</style>
<body>
    <img src="../img/panda.png" alt="">
    <img src="../img/panda.png" alt="">
    <img src="../img/panda.png" alt="">
</body>
```

上述代码为每个<img>标记都设置border、margin、padding和width等属性，且所有设置都生效了。显示效果如图7-24所示。

显示效果从表面看没有什么问题。试将代码再做一点微小的修改，删除上例的margin属性，例如，example7-16.html中有以下代码。

```
<style>
img {width:100px;border:solid 1px #000;padding:10px;background-color:#ccc;}
</style>
```

执行后的显示效果如图7-25所示。可以看到，<img>标记之间还是有些距离。其实这个距离不是margin属性产生的，因为HTML代码中三个<img>标记分三行书写，产生了三个回车符号，而CSS会将回车符号解析成一个空格字符。<img>标记之间是空格字符产生的距离，回车产生的空格字符也包含在父元素<body>标记中。为了消除这些字符，可以将父元素<body>标记的字号font-size属性值设置为0。例如，在example7-17.html中有如下代码，再次修改了上例的CSS代码。

图7-24　内联块状元素的显示效果　　　　　图7-25　内联块状元素默认有距离

```
<style type="text/css">
body {font-size:0;}
img {width:100px;border:solid 1px #000;padding:10px;background-color:#ccc;}
</style>
```

执行后的显示效果如图7-26所示,可以发现图像之间的空格已被消除了。

图7-26　消除内联块状元素之间的距离

4. display属性

在网页布局时经常需要将某些内联元素转换成块状元素,以使它们支持所有的盒子模型属性。通常这需要以display属性进行转换。该属性的可选值如下。

- block：设置元素为块状元素。
- inline：设置元素为内联元素。
- inline-block：设置元素为内联块元素。
- none：隐藏元素(元素将在页面中完全消失,不占据任何空间)。

例如,在example7-18.html中有如下代码。

```
<style>
    a {text-decoration:none;display:block;width:100px;height:50px;padding:0 10px;border:solid 1px #000;text-align:center;line-height:50px;}
</style>
<body>
    <a href="">超链接</a>
</body>
```

将<a>标记通过display属性由默认的内联元素转换为块状元素,此时就可以设置width、height、margin、padding等属性值,这样扩大了<a>标记的范围,只要鼠标移动到<a>标记所在区域内,就可以点击超链接,提高了用户的体验度。显示效果如图7-27所示。

图7-27　修改元素类型的效果

7.3.5 盒子大小的计算

1. 默认盒子大小

在默认情况下，width 和 height 表示内容区域的宽度和高度。所以，一个盒子的总宽度和总高度要综合考虑内容宽、内容高、边框宽度、内边距和外边距。这意味着当需要保持总宽度或总高度不变时，修改任意一个盒子模型属性，需要调整其他属性值以保持总宽度或总高度不变。

有 CSS 代码如下。

```
<style>
    div {width:100px;height:50px;padding:10px;margin:10px;border:solid 1px #000;}
</style>
```

\<div\>标记的 width 为 100 px，左右 padding 各 10 px，左右 margin 各 10 px，左右 border 各 1 px，所以\<div\>标记的总宽度为 142 px。height 为 50 px，上下 padding 各 10 px，上下 margin 各 10 px，上下 border 各 1 px，\<div\>标记的总高度为 92 px。

2. box-sizing 属性调整盒子计算方式

该属性可以调整盒子大小的计算方式，可选值如下。

（1）content-box

默认值，width 和 height 属性只表示内容宽度和内容高度。

（2）border-box

width 和 height 属性表示盒子的总宽度和总高度。为元素指定的任何内边距和边框都将从已设定的 width 值和 height 值中分别减去边框和内边距才能得到内容的宽度和高度。

```
<style>
    div {box-sizing:border-box;width:100px;height:50px;padding:10px;margin:10px;border:solid 1px #000;}
</style>
```

将\<div\>标记的盒子计算方式由默认的 content-box 调整为 border-box，则 width 为 100 px，表示\<div\>标记的总宽度，height 为 50 px，表示\<div\>标记的总高度，内容宽为 width 值减去相应方向的 padding 和 border 值，内容高为 height 值减去相应方向的 padding 和 border 值，所以\<div\>标记的内容宽为 78 px，内容高为 28 px。

项目 8
"习近平:在庆祝中国共产党成立 100 周年大会上的讲话"学习页面的制作

8.1 学习目标

①理解文档流的含义。
②掌握浮动元素的特点与浮动布局。
③掌握清除浮动的常用方法。
④掌握定位属性的设置方法。
⑤掌握相对定位与绝对定位布局。
⑥了解固定定位布局。
CSS 页面布局知识导图如图 8-1 所示。

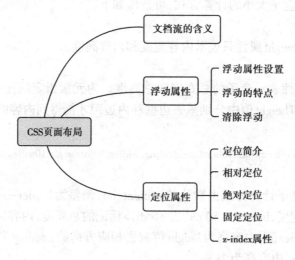

图 8-1 CSS 页面布局知识导图

8.2 实训任务

8.2.1 实训内容

制作"习近平:在庆祝中国共产党成立 100 周年大会上的讲话"的学习页面。
①使用 HTML5 元素对页面进行布局。
②使用盒子模型、浮动、定位等相关属性对页面结构进行 CSS 样式设置。
最终效果如图 8-2 所示,效果图中节选了一部分讲话内容。

项目 8 "习近平：在庆祝中国共产党成立100周年大会上的讲话"学习页面的制作

图8-2 最终效果图

8.2.2 设计思路

1.整体结构分析

从页面各区域功能的角度，将页面分为五个区域：头部logo区域、导航区域、当前位置区域、新闻区域和底部版权区域，且这五个区域各自独占一行，从上到下依次排列，符合盒子模型中块状元素的特点，并采用含有语义的HTML5元素进行布局。

2.具体区域设计

（1）头部logo区域分析

该区域全屏宽显示且背景是单色显示，所以可以使用背景色填充整个背景区域。为了让logo按照版心的宽度对齐，需要在该区域内添加子元素，在子元素中以背景图片的方式显示网站logo。

（2）导航区域分析

该区域也是全屏宽，但是导航栏目一般会选择列表<ul>、<li>的组合标记，li中使用<a>标记设置栏目名称的超链接。导航栏目要水平排列且水平居中对齐，所以将li通过浮动属性水平排列，设置ul的宽度为版心宽度，通过margin属性将ul水平居中对齐，内部的li自然也就水平居中对齐了。

（3）当前位置区域分析

该区域宽度为整个网页版心的宽度，区域内显示相关文本即可。

（4）新闻区域分析

该区域宽度为整个网页版心的宽度，内部分为左、右两个子区域，所以需要设置一个整体区域表示整个新闻区域，内部左侧栏目列表区域和右侧的新闻内容区域，可以分别使用左浮动和右浮动让两个区域水平排列；栏目列表区域包含一个栏目名称和两个子栏目名称，所以需要设置一个整体区域表示整个栏目列表区域并左浮动，其内部包含栏目名称和两个子栏目名称,这三个区域从上到下排列,所以使用块状元素进行布局;新闻内容区域内部包含新闻标题、发布时间(来源)、新闻正文三部分,所以需要设置一个整体区域表示整体新闻内容区域并右浮动,其内部包含新闻标题、发布时间(来源)、新闻正文这三个区域,这三个区域从上到下依次排列,所以使用块状元素进行布局;发布时间区域又细分为发布时间、来源两部分,且这两部分水平排列,此处选择两个内联元素;新闻正文区域内的所有内容均使用段落标记。

(5)底部版权区域分析

该区域也是全屏宽,区域内显示相关版权信息即可。

通过上述分析,得到网页的 HTML 结构如图 8-3 所示。

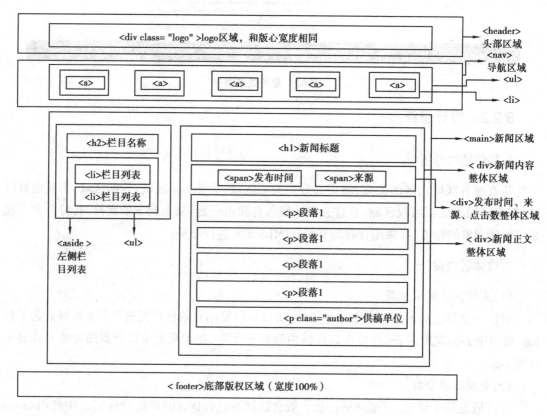

图 8-3　html 结构分析

8.2.3　实施步骤

1. 步骤一:创建学习页面的 HTML 页面结构

①新建项目 chapter08。
②在项目 chapter08 内创建学习页面,命名为"lesson08.html"。
③设置页面布局。
代码见二维码 8-1。

8-1

运行 lesson08.html 页面,页面未经 CSS 修饰的显示效果如图 8-4 所示。接下来要用 CSS 修饰该页面,实现最终显示效果。

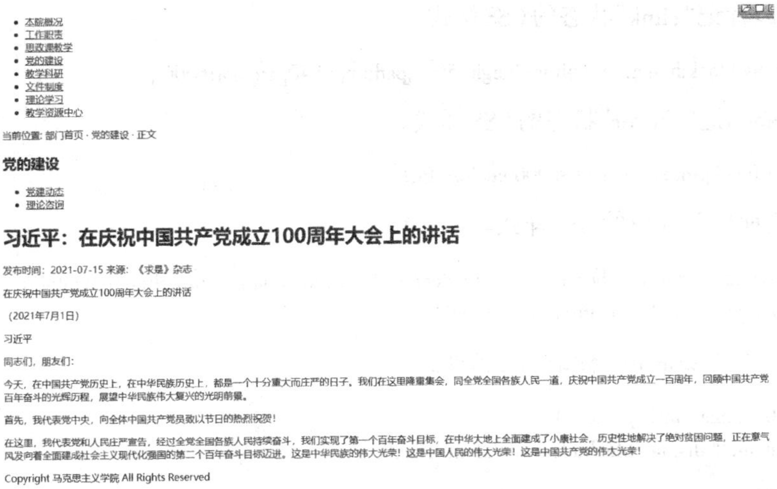

图8-4　未修饰的HTML效果

2.步骤二:为页面结构设置CSS样式

①在CSS目录中新建"style.css"样式表文件。

②在<head>标记中增加<link>标记,链接该外部样式表文件,所有CSS代码定义在该文件中。

```
<head>
    <link rel="stylesheet" href="./css/style.css">
</head>
```

③CSS样式初始化。

body,ul,h1,h2,p{margin:0;padding:0;}
body {font-family:"微软雅黑" sans-serif;font-size:16px/1;}
li {list-style-type:none;}
a {text-decoration:none;color:#000;}

④设置头部区域的CSS样式。

a.设置头部整体区域<header>标记的CSS样式。

header {width:100%;background-color:#8c0000;}

b.设置header内部logo区域<div>标记的CSS样式。

header .logo {width:1200px;height:130px;margin:0 auto;background:url(../img/logo.png) no-repeat left center;}

⑤设置导航区域的CSS样式。

a.设置导航整体区域<nav>标记的CSS样式。

nav {width:100%;background-color:#ebeaea;}

b.设置<ul>标记的CSS样式。

nav ul {width:1200px;height:50px;margin:0 auto;}

c.设置<li>标记的CSS样式。

```
nav ul li {float:left;}
```

　　d. 设置<a>标记":link"状态的CSS样式。

```
nav ul li a {display:block;height:50px;line-height:50px;padding:0 40px;color:#000;}
```

　　e. 设置<a>标记":hover"状态的CSS样式。

```
nav ul li a:hover {background-color:#8c0000;color:#fff;}
```

　　⑥设置当前位置区域的CSS样式。

```
.location {box-sizing:border-box;border:solid 1px #ccc;width:1200px;height:40px;line-height:40px;font-size:14px;
margin:0 auto;margin-top:10px;padding-left:10px;}
```

　　⑦设置新闻区域<main>标记的CSS样式。

```
main {width:1200px;margin:10px auto;}
main::after {content:"";display:block;clear:both;font-size:0;}
```

　　⑧设置栏目列表区域的CSS样式。
　　a. 设置栏目整体区域<aside>标记的CSS样式。

```
main aside {float:left;width:240px;}
```

　　b. 设置栏目名称区域<h2>标记的CSS样式。

```
main aside h2 {height: 46px; line-height: 46px; color: #fff; background-color: #8c0000; font-size: 20px; font-weight:
normal;padding-left:20px;}
```

　　c. 设置栏目列表<ul>、<li>标记的CSS样式。

```
main aside li {border:solid 1px #e4e4e4;border-top:none;height:40px;line-height:40px;padding-left:20px;}
```

　　d. 设置超链接<a>标记":hover"状态下的CSS样式。

```
main aside a:hover { color:#8c0000; }
```

　　⑨设置新闻内容区域的CSS样式。
　　a. 设置新闻内容整体区域<div>标记的CSS样式。

```
main .news {float:right;box-sizing:border-box;width:900px;border:solid 1px #ccc;padding:10px 5px; }
```

　　b. 设置新闻标题<h1>标记的CSS样式。

```
main .news h1 {height:40px;line-height:40px;text-align:center;font-size:22px;}
```

　　c. 设置发布时间(来源)总体区域<div>标记的CSS样式。

```
main .news .time {height:40px;line-height:40px;text-align:center;border-bottom:solid 2px #ccc;}
```

　　d. 设置发布时间、来源两个区域<span>标记的CSS样式。

```
main .news .time span {font-size:14px;color:#bbb;padding:0 10px;}
```

　　e. 设置新闻正文中标题、时间、作者三个段落的样式。

```
main .news .content .title,
main .news .content .title_time,
main .news .content .author {font-weight:bold;font-family:"楷体";color:#800000;text-align:center;}
```

f.设置文章称谓段落的CSS样式。

main .news .content .first_line {text-indent:0;font-weight:bold;}

g.设置新闻正文段落<p>标记的CSS样式。

main .news .content p {text-indent:2em;line-height:1.5em;margin-top:10px;font-family:"宋体";}

⑩设置底部版权区域的CSS样式。

a.设置底部整体区域<footer>标记的CSS样式。

footer {width:100%;background-color:#8c0000;}

b.设置版权区域<p>标记的CSS样式。

footer p {width:1200px;margin:0 auto;height:100px;line-height:100px;color:#fff;text-align:center;}

任务的完整CSS代码见二维码8-2。

8.3 储备知识点

8.3.1 文档流的含义

在学习浮动属性之前,必须了解文档流的含义,这样才能区分浮动的元素和普通的元素,进而理解浮动的含义,方便用浮动属性进行网页布局。

文档流指的是文档中可显示的对象(即元素)在网页中的显示规则。而这个规则为:块状元素按照从上到下的顺序逐行排列,每行只能放一个块状元素。内联元素和内联块状元素在一行中按从左至右的顺序排列。

在进行网页布局的时候,有时想在一行中显示多个块状元素,实现多列的网页布局,默认文档流是无法实现的。将块状元素改为内联元素,虽然能够实现多列效果,但是内联不能设置宽、高等属性。

最常用的方法是,让元素脱离文档流,摆脱文档流规则的束缚,这样就能做到让块状元素既能在一行中排列,又能设置宽、高。可以使用浮动属性实现这个需求。

8.3.2 浮动属性

1.浮动属性的设置

所谓浮动,指的是使元素脱离原来的文档流,让元素在其父元素中浮动起来。

浮动使用float属性,该属性的可选值如下。

- none:不浮动(默认值)。
- left:向左浮动。
- right:向右浮动。

块状元素、内联元素、块状内联元素都可以浮动,当任意类型的元素设置了浮动属性,该元素就可以使用盒子模型的所有属性。

2. 浮动的特点

浮动的元素具有以下特点。

①元素浮动以后，宽度值收缩为0，高度值默认是0；如果不设置宽、高值，则其将被内容撑开；设置了宽、高值，则其大小固定，不会被内容撑开。

例如，example8-01.html中有如下代码。

```
<style>
    div {float:left;border:solid 1px #000;}
</style>
<body>
    <div>元素的宽高收缩，被内容撑开。</div>
</body>
```

<div>标记默认是块状元素，宽度为父元素（body）的100%。设置左浮动后，元素的宽度值收缩，紧贴在文字周围。显示效果如图8-5所示。

图8-5　元素浮动后的效果

②浮动会使元素完全脱离文档流，也就是不在文档流中占用位置。

网页实际上是一个三维结构，如图8-6所示，文档流在底层，浮动元素在顶层。平时浏览网页是从Z轴的视角俯视网页，所以可以把网页看成一个二维结构。

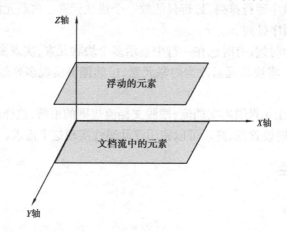

图8-6　浮动原理

一个元素浮动后，不再占据其原来的位置，默认文档流下方的元素会上移，填补元素浮动后留出的空间。元素设置浮动以后，首先会沿着Z轴向上浮动起来，然后向父元素的左上角（左浮动）或父元素的右上角（右浮动）移动，直到遇到父元素的边界或者其他浮动元素。浮动正是利用这一点，实现了块状元素的水平排列。

注意：一个父元素中的子元素要水平排列，最好所有子元素都浮动，否则浮动的子元素会遮盖不浮动的子元素。

例如，example8-02.html中有如下代码。

```
<style>
    .box1 {float:left;border:solid 1px #000;background-color:#ccc;width:50px;height:50px;}
    .box2 {border:solid 1px #000;width:100px;height:100px;}
</style>
<body>
    <div class="box1">box1</div>
    <div class="box2">box2</div>
</body>
```

将上方的div设置为左浮动,下方的div默认为不浮动,处在默认文档流中。为了观察效果,将下方不浮动的元素设置得比上方浮动元素大一些,显示效果如图8-7所示。上方div左浮动后,移动到父元素(body)的左上角;下方的div上移,占据浮动元素留出的空间。由于浮动元素和默认文档流中的元素都在浏览器左上角,于是浮动元素将不浮动元素遮盖。

这里有个很奇特的现象,如果浮动元素和不浮动的元素重叠,浮动元素会将默认文档流中的文本挤到旁边,这样做的目的是实现图文环绕效果。

将浮动属性的值修改为右浮动,则显示效果如图8-8所示,上方div右浮动,移动到父元素的右上角,下方的div上移,占据浮动元素留出的空间。

图8-7　浮动元素遮盖普通元素　　　　图8-8　浮动元素不占据普通文档流空间

③当父元素的内容宽不足以容纳所有浮动元素的总宽之和时,浮动元素会自动换行。

例如,example8-03.html中有如下代码。

```
<style>
    .outer {width:200px;height:50px;border:solid 2px #000;}
    .outer div {float:left;width:48px;height:48px;border:dashed 1px #000;background-color: #ccc;}
</style>
<body>
    <div class="outer">
        <div>box1</div>
        <div>box2</div>
        <div>box3</div>
        <div>box4</div>
    </div>
</body>
```

四个子元素的width值为48 px,height值为48 px,border为1 px。按照盒子大小的计算公式,子元素的总宽和为50 px,高为50 px。将四个盒子设置为左浮动,总宽为200 px。为了让父元素容纳四个浮动的子元素,将父元素的宽设置为200 px,高设置为50 px。显示效果如图8-9所示。

例如,example8-04.html中的代码将父元素的width值调整为199 px。

```
.outer {width:199px;height:50px;border:solid 2px #000;}
```

执行后的显示效果如图8-10所示。父元素的内容宽不足以容纳四个子元素的总宽之和,所以第四个盒子被挤到了下一行,而且父元素高度固定,不会被子元素撑开。

如果目的就是实现多行多列布局,则要调整父元素的高度,以保证容纳多行的盒子。

④元素浮动以后即完全脱离文档流,这时其不会再影响父元素的高度。也就是说,浮动元素不会撑开普通文档流父元素的高度。

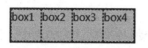
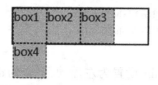

图8-9　浮动元素一行排列　　　图8-10　父元素空间不足,浮动元素换行

例如,example8-05.html 中有如下代码。

```
<style>
    * {margin: 0;padding:0;}
    .top {border:solid 5px #000;width:110px;}
    .p1 {float:left;width:50px;height:50px;background-color:#ddd;}
    .p2 {float:right;width:50px;height:50px;background-color:#ddd;}
    .bottom {border:dashed 5px #000;width:150px;height:50px;}
</style>
<body>
    <div class="top">
        <p class="p1">box1</p>
        <p class="p2">box2</p>
    </div>
    <div class="bottom"></div>
</body>
```

在上方的div中设置两个浮动的子元素,由于div没有设置高度,则浮动子元素脱离了文档流,并没有撑开父元素的高度,父元素的高收缩为0。父元素的下方还有其兄弟元素,下方的元素紧贴在上方兄弟元素下方,浮动的元素遮盖了父元素的兄弟元素,从而造成网页布局的混乱,显示效果如图8-11所示。

图8-11　浮动元素不会撑开父元素的高度

为了解决这种问题,一般有如下两种做法。

第一种:为包含浮动子元素的父元素指定一个固定的高度。这种方法适用于高度不变的布局场景。在上面各例中使用的就是这种方法。

第二种:使用清除浮动属性。这种方法适用于子元素的高度不固定的布局场景。

3.清除浮动

(1)方法1:清除浮动属性clear

clear属性可以用于清除元素周围的浮动对本元素的影响。也就是说,设置了clear属性元素不会因为上方出现浮动元素而改变自己的位置(即不会被遮盖)。该属性的可选值如下。

①left：忽略左侧浮动。

②right：忽略右侧浮动。

③both：忽略左浮动和右浮动，一般使用这个属性值。

④none：不忽略浮动，为默认值。

将上例进行清除浮动设置，保证父元素在没有设置高度的情况下能够包含浮动子元素。例如，example8-06.html中有如下代码。

```
<style>
    * {margin: 0;padding: 0;}
    .top {border:solid 5px #000;width:110px;}
    .p1 {float:left;width:50px;height:50px;background-color:#ddd;}
    .p2 {float:right;width:50px;height:50px;background-color:#ddd;}
    .bottom {border:dashed 5px #000;width:150px;height:50px;}
    .clear {clear:both;height:0;}
</style>
<body>
    <div class="top">
        <p class="p1">box1</p>
        <p class="p2">box2</p>
        <div class="clear"></div>
    </div>
    <div class="bottom"></div>
</body>
```

上述代码表示在HTML结构中，在所有浮动元素的最下方增加一个没有任何语义的块状兄弟元素，该元素保持默认的文档流。CSS中为该元素设置清除浮动属性，表示该子元素不能被浮动的兄弟元素遮盖。由于该子元素是最后一个元素，出现在浮动元素的下方，同时该子元素是普通文档流中的元素，父元素必须包含该元素，所以将父元素的高度撑开，避免了浮动带来的布局混乱。显示效果如图8-12所示。

(2)方法2：使用伪元素选择器"::after"

例如，example8-07.html中有如下代码。

```
<style>
    * {margin: 0;padding: 0;}
    .top {border:solid 5px #000;width:110px;}
    .p1 {float:left;width:50px;height:50px;background-color:#ddd;}
    .p2 {float:right;width:50px;height:50px;background-color:#ddd;}
    .bottom {border:dashed 5px #000;width:150px;height:50px;}
    .top::after {content:"";display:block;clear:both;height:0;}
</style>
<body>
    <div class="top">
        <p class="p1">box1</p>
        <p class="p2">box2</p>
    </div>
    <div class="bottom"></div>
</body>
```

上述代码表示在 HTML 结构中,删除了刚才设置的 div 子元素,通过为父元素 div 添加一个伪元素来实现。该元素的目的是清除浮动,所以 content 属性的值设置为空字符串。由于文本不能设置盒模型相关属性,所以需要利用 display 属性将该文本设置为块状元素。显示效果如图 8-13 所示,和使用 clear 属性得到的结果一致。

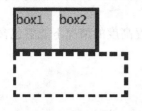 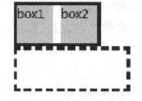

图 8-12　使用 clear 属性清除浮动　　　　图 8-13　使用"::after"清除浮动

8.3.3　定位属性

1. 定位简介

定位属性和浮动属性一样,是用来进行网页的多列布局的。

浮动的元素只能在父元素内部浮动,不能超过父元素的边界。而定位允许元素相对于自身在文档流中原来的位置进行定位(相对定位),也可以相对于父元素、祖先元素甚至浏览器窗口来进行定位(绝对定位),所以定位布局比浮动布局更加灵活,能够实现网页中的一些特效布局。

CSS 通过使用 position 属性设置三种最常用的定位,即相对定位、绝对定位和固定定位,然后通过 left、right、top、bottom 这四个属性改变元素的位置。

2. 相对定位

将 position 属性的值设置为 relative,就是相对定位。

相对定位是一个非常容易掌握的概念。如果对一个元素相对其自身进行定位,它将出现在原来的位置上。然后可以通过设置 left、right、top、bottom 这四个属性,让这个元素"相对于"它原来的位置移动。

需要注意的是,在使用相对定位时,无论是否进行移动,元素仍然占据原来的空间。移动元素会导致它覆盖其他元素。因此,一般不使用相对定位来进行布局,只是将它作为其子元素进行绝对定位的参考。

例如,example8-08.html 中有如下代码。

```
<style>
    div {width: 50px;height:50px;margin:10px;background-color:#ccc;}
    .box2 {position:relative;top:20px;left:20px;}
</style>
<body>
    <div></div>
    <div class="box2"></div>
    <div></div>
</body>
```

上述代码将第二个div的定位属性设置为相对定位,由于相对定位的元素没有脱离文档流,所以位置和表现方式保持不变。然后通过top调整自身相对原来顶部的位置为20 px,表示在元素上方创建20 px的空间,所以新位置下移20 px,通过left调整自身相对原来左边的位置为20 px,表示在元素的左边创建20 px的空间,所以新位置右移20 px,显示效果如图8-14所示。需要注意的是,top和bottom属性只能选择其中之一来设置,left和right属性也只能选择其中之一。

图8-14　相对定位效果

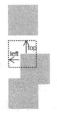
图8-15　相对定位原理

如图8-15中的虚线框表示相对定位元素自身原来的位置,这个空间始终被相对定位的元素占据。

3.绝对定位

将position属性的值设置为absolute,就是绝对定位。

设置为绝对定位的元素将脱离文档流,绝对定位具有如下特点。

①绝对定位元素,内容宽和内容高都会收缩为0,将来被内容撑开。

②绝对定位元素完全脱离文档流,不在文档流中占用位置,就好像该元素不存在。这一点与相对定位不同,相对定位在实际上被看作普通流定位模型的一部分,绝对定位是指元素相对于其原始位置进行定位。

③元素定位后就变为块状元素,不管原来它在正常流中是何种类型的元素。即一个内联元素或内联块状元素设置了定位属性后,其也会变成块状元素。

如果设置了top、bottom、left、right等属性值,绝对定位元素的位置会相对于最近的、已定位的祖先元素来移动;如果元素没有已定位的祖先元素,那么它的位置相对于最初的包含块来移动。根据浏览器类型的不同,最初的包含块可能是画布或HTML元素。如果没有设置top、bottom、left、right等属性值,则绝对定位元素的位置保持不变。例如,example8-09.html中有如下代码。

```
<style>
    .outer{border:solid 5px #000;width:100px;height:100px;margin:20px;}
    .inner {width: 50px;height:50px;background-color:#ccc;position:absolute;top:10px;left:10px;}
</style>
<body>
    <div class="outer">
        <div class="inner"></div>
    </div>
</body>
```

上述代码表示父元素是普通文档流中的元素,子元素设置为绝对定位,并且设置了top和left属性。由于父元素(outer)没有设置定位属性,则子元素继续查找祖先元素body;而body也没设置定位属性，则又继续查找到HTML标记，由此抵达整个网页结构的初始包含块，于是该元素按照HTML标记进行定位，即距离浏览器上边界10 px，距离浏览器左边界10 px，显示效果如图8-16所示。

图8-16　绝对定位效果

需要注意的是，可以为left、right、top、bottom设置负数值。

通常将父元素设置为相对定位并且不改变元素的位置，子元素设置为绝对定位，这样既保证了父元素的位置不变，不会脱离文档流，又能够让子元素按照相对定位的父元素进行绝对定位，以实现一些特殊的效果。

4. z-index属性

因为绝对定位的元素与文档流无关，所以它们可以覆盖页面上的其他元素。如果页面中有多个绝对定位元素，则这些定位的元素之间有可能产生覆盖的现象。可以通过设置z-index属性来控制这些元素的叠放次序。数值大的绝对定位元素在上方，数值小的在下方，默认值是0。接下来是浮动元素，最底层的是文档流中的普通元素。例如，example8-10.html中有如下代码。

```
<style>
    .box1 {width:50px;height:50px;background-color:#ccc;position:absolute;top:0;left:0;z-index:1;}
    .box2 {width:80px;height:80px;background-color:#ddd;position:absolute;top:20px;left:20px;}
</style>
<body>
    <div class="box1">box1</div>
    <div class="box2">box2</div>
</body>
```

两个div元素都设置了绝对定位属性，通过left和top调整位置，让两个div产生重叠。默认后面的元素会覆盖前面的元素，显示效果如图8-17所示。设置第一个div的z-index属性值，只要值比0大就会让第一个div覆盖第二个div，显示效果如图8-18所示。

图8-17　定位默认Z轴排列顺序的效果　　　　图8-18　使用z-index调整Z轴顺序的效果

5.固定定位

将position属性的值设置为fixed，就是固定定位。和绝对定位相同的是，设置为固定定位的元素也具有上述三个特点。和绝对定位不同的是，固定定位的元素是相对于视口（理解为浏览器边界)定位的,这意味着即使是滚动页面,它也始终位于同一位置。比如,通常页面右下角的弹窗广告使用的就是固定定位,不管如何滚动页面,该广告始终显示在浏览器的右下角。例如,example8-11.html 中有如下代码,显示效果如图 8-19 所示。

```
<style>
    div {width:100px;height:107px;background: url(../img/panda.png) no-repeat;position:fixed;bottom:0;right:0;}
</style>
<body>
    <div></div>
    <p><b>提示:</b>如果看不到任何滚动条,请尝试调整浏览器窗口的大小。</p>
    <p>背景图像是固定的。请尝试向下滚动页面。</p>
    <p>背景图像是固定的。请尝试向下滚动页面。</p>
    <!-- 尽可能多地复制<p>标记,或者改变浏览器的大小,让浏览器产生滚动条 -->
</body>
```

图 8-19　使用固定定位的效果

项目 9
"甘林信息多媒体中心"页面的制作

9.1 学习目标

①掌握 HTML5 中 video 元素的使用及相关属性,能够在 HTML5 页面中添加视频文件。

②掌握 HTML5 中 audio 元素的使用及相关属性,能够在 HTML5 页面中添加音频文件。

③掌握 HTML5 中 source 元素的使用及相关属性。

④能够使用 track 元素为音频和视频添加字幕。

⑤理解并掌握 video 和 audio 的方法和事件。

HTML5 媒体元素知识导图如图 9-1 所示。

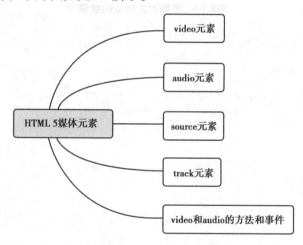

图 9-1　HTML5 媒体元素知识导图

9.2 实训任务

9.2.1 实训内容

本实训任务是制作"甘林信息多媒体中心"页面。使用 HTML5 新增的布局元素来布局页面,通过媒体元素、表单元素等定义页面内容,效果如图 9-2 所示。

图9-2 "甘林信息多媒体中心"页面效果

9.2.2 设计思路

整个页面主要由四部分构成，设计思路如下。

①整体页面共分为四个部分，第一部分为页面的首页部分，使用header元素。

②第二部分为一个nav元素，导航使用超链接完成。

③页面主体部分使用main元素，主要分为上下结构。其中，上面使用一个class名为content的div元素；下面使用一个class名为list的div元素，嵌套左右结构的是一个class名为top的div元素和aside元素。

④页脚部分在footer元素中添加一个class名为foot的div元素。

页面结构如图9-3所示。

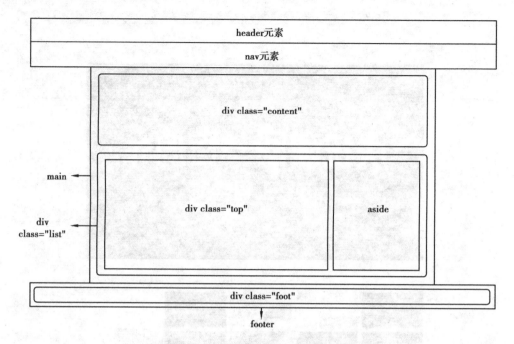

图9-3 "甘林信息多媒体中心"页面结构

9.2.3 实施步骤

1. 步骤一

创建"甘林信息多媒体中心"页面。

①新建项目 chapter09。

②在项目 chapter09 内新建页面,将它命名为"lesson09.html",如图9-4所示。

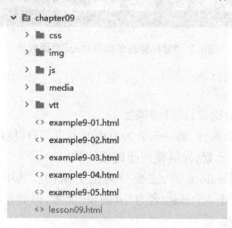

图9-4 "甘林信息多媒体中心"项目结构

2. 步骤二

设置页面标题为"甘林信息多媒体中心",在 body 元素中分别插入 header 元素、nav 元素、main 元素和 footer 元素。

3. 步骤三

在header元素中添加一个div元素,设置其class名为menu,在menu中分别添加两个ul元素,class名分别为left和right,接着完成两组导航链接内容的添加,如图9-5所示。

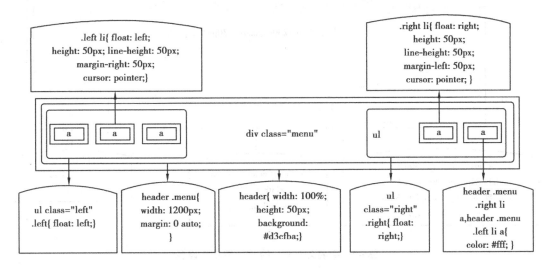

图9-5　header元素中的设置

4. 步骤四

在nav元素中添加一个div元素,并在其中添加ul元素设置水平导航条,如图9-6所示。

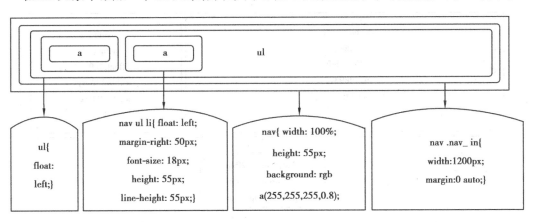

图9-6　nav元素中的设置

5. 步骤五

在main元素中添加一个div元素,设置class名为content,在content中依次添加段落元素、视频元素、超链接元素和标题元素,如图9-7所示。

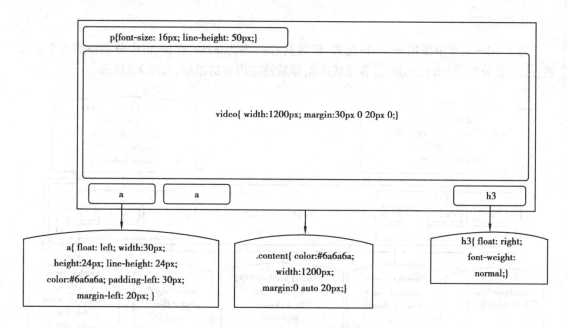

图9-7 类名为content的div元素中的设置

6. 步骤六

在content之后继续添加一个class名为list的div元素,在list中布局左右结构的两个元素,分别为class名为top的div元素和aside元素,如图9-8所示。

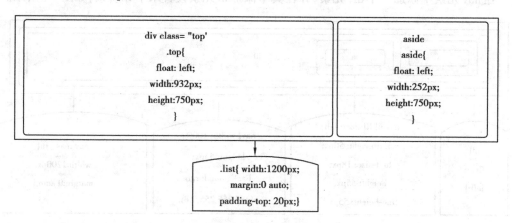

图9-8 类名为top的div元素中的设置

7. 步骤七

在top中分别添加段落元素、超链接元素,class名为message的div元素,其中在div元素中添加表单元素,如图9-9所示。

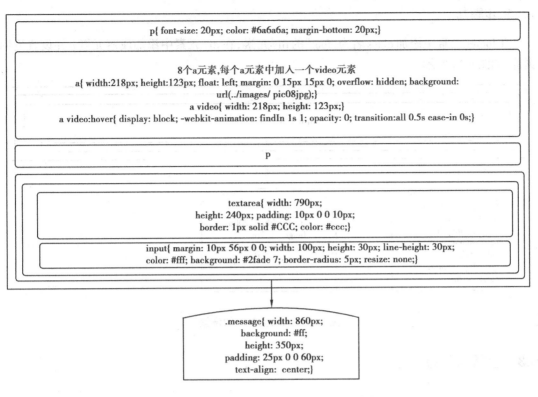

图9-9 class名为message的div元素中的设置

8. 步骤八

在aside元素中分别添加段落元素、section元素和img元素,如图9-10所示。

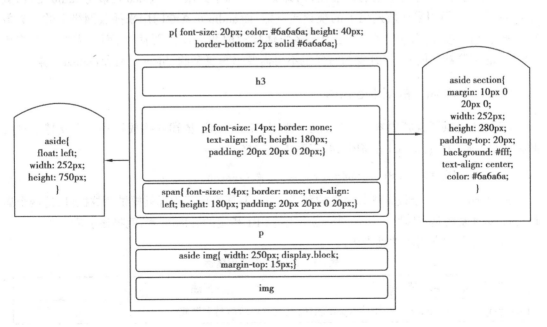

图9-10 aside元素中的设置

9. 步骤九

在 footer 元素中添加 class 名为 "foot" 的 div 元素，在 div 元素中添加段落元素 p 并设置返回页首，如图 9-11 所示。

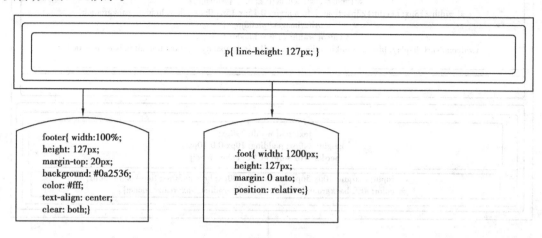

图 9-11　footer 元素中的设置

9.3　储备知识点

在 HTML5 问世之前，要在网络上展示视频、音频和动画，除使用第三方开发的播放器外，用得最多的工具应该是 FLASH 了，但它们都需要在浏览器中安装各种插件才能使用，而且有时速度很慢。HTML5 的出现改变了这一局面。

HTML5 提供了音频视频的标准接口，即新增了两个元素——video 元素与 audio 元素，其中 video 元素专门用来播放网络上的视频或电影，而 audio 元素专门用来播放网络上的音频数据。通过相关技术，视频、动画、音频等多媒体播放时再也不需要插件，而只需要一个支持 HTML5 的浏览器。同时，在开发的时候也不再需要书写复杂的 object 元素和 embed 元素。

9.3.1　HTML5 的 video 元素

HTML5 提供了视频内容的接口，规定使用 <video> 标记描述和播放视频。它支持三种视频格式，分别为 Ogg、WebM 和 MPEG4，其基本语法格式如下。

`<video src="视频文件路径 URL" controls="controls">代替文字</video>`

其中，src 属性用于设置视频文件的路径，controls 属性用于为视频提供播放控件，这两个属性是 video 元素的基本属性。如果浏览器不支持 URL 指定的 video 元素，就将显示替代文字。

video 元素的常用属性见表 9-1。

表 9-1　video 元素常用属性

属性	属性值	描述
autoplay	autoplay	如果出现该属性，则视频就绪后马上播放
controls	controls	如果出现该属性，则向用户显示控件，比如播放按钮
height	pixels	设置视频播放器的高度

续表

属性	属性值	描述
loop	loop	如果出现该属性,则媒介文件完成播放后会再次从头播放
muted	muted	如果出现该属性,视频的音频输出为静音
poster	URL	规定视频正在下载时显示的图像,直到用户单击播放按钮
preload	auto metadata none	如果出现该属性,则视频在页面加载时进行加载,并预备播放;如果使用"autoplay",则忽略该属性
src	URL	要播放的视频的 URL
width	pixels	设置视频播放器的宽度

HTML5 提供了播放视频文件的标准,可以使用<video>标记定义视频,比如电影片段或其他视频流。

video 元素支持的视频格式见表9-2。

表9-2 video元素支持的3种视频格式

视频格式	MIME-type
MP4	video/mp4
WebM	video/webm
Ogg	video/ogg

各浏览器对视频格式的支持情况见表9-3。

表9-3 各浏览器对视频格式的支持情况

浏览器	MP4	WebM	Ogg
Internet Explorer	支持	不支持	不支持
Chrome	支持	支持	支持
Firefox	支持	支持	支持
Safari	支持	不支持	不支持
Opera	支持(从Opera25起)	支持	支持

例如,在 example9-01.html 中插入视频文件"movie.mp4",设置播放器宽是 320 px,高为 240 px,播放视频时显示播放、暂停等控件,并设置视频循环播放,代码如下,效果如图 9-12 所示。

```
<!-- example9-01.html -->
<!DOCTYPE html>
<html>
    <head>
        <meta charset="utf-8">
        <title>HTML5 的 video 元素</title>
    </head>
```

```
            <body>
                <video src="media/movie.mp4" width="320" height="240" controls loop="loop">
                    您的浏览器不支持 video 标记。
                </video>
            </body>
</html>
```

图9-12　页面中播放视频的效果

9.3.2　HTML5的audio元素

在HTML5中，<audio>标记用于定义播放音频文件的标准。它支持三种音频格式，分别为Ogg、MP3和WAV，其基本语法格式如下。

`<audio src="音频文件路径" controls="controls"></audio>`

其中，src属性用于设置音频文件的路径，controls属性用于为音频提供播放控件，这和video元素的属性非常相似。同样，在< audio >和</audio >之间也可以插入文字，用于不支持audio元素的浏览器显示。

值得一提的是，在audio元素中还可以添加其他属性，进一步优化音频的播放效果，具体见表9-4。

表9-4　audio元素属性

属性	属性值	描述
autoplay	autoplay	如果出现该属性，则音频就绪后马上播放
controls	controls	如果出现该属性，则向用户显示音频控件
loop	loop	如果出现该属性，则音频结束后会再次从头播放
muted	muted	如果出现该属性，则音频输出为静音
preload	auto metadata none	规定当网页加载时，音频是否默认被加载以及如何被加载
src	URL	规定音频文件的URL

需要注意的是，width和height属性控制视频的尺寸。如果设置了高度和宽度，所需视频空间会在页面加载时保留；如果没有设置这些属性，浏览器不知道视频的尺寸，就不能在加载时保留特定空间，页面会根据原始视频的尺寸而变化。

HTML 5 支持的音频格式见表9-5。

表9-5　HTML5支持的音频格式

音频格式	MIME–type
MP3	audio/mpeg
Ogg	audio/ogg
Wav	audio/wav

各浏览器对音频格式的支持情况见表9-6。

表9-6　各浏览器对音频格式的支持情况

浏览器	MP3	Wav	Ogg
Internet Explorer	支持	不支持	不支持
Chrome	支持	支持	支持
Firefox	支持	支持	支持
Safari	支持	支持	不支持
Opera	支持	支持	支持

例如,在example9-02.html中插入音频文件"explode.wav",设置播放时显示播放、暂停等控件,并设置音频自动播放,而在不支持audio元素的浏览器中会显示"您的浏览器不支持audio元素"的替代文字,代码如下,效果如图9-13所示。

```html
<!-- example9-02.html -->
<!DOCTYPE html>
<html>
    <head>
        <meta charset="utf-8">
        <title>HTML5 的 audio 元素</title>
    </head>
    <body>
        <audio src="media/explode.WAV" controls="controls" autoplay="autoplay">
            您的浏览器不支持 audio 元素
        </audio>
    </body>
</html>
```

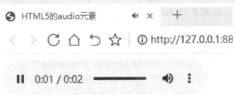

图9-13　音频播放控制的效果

9.3.3　HTML5的source元素

通过source元素来为同一个媒体数据指定多个播放格式与编码方式,以确保浏览器可以从中选择一种支持的播放格式进行播放。浏览器的选择顺序为代码中的书写顺序,它会从上往下判断自己对该播放格式是否支持,直到选择到支持的播放格式。source 元素的使用方法如下。

```
<audio controls="controls">
    <source src="音频\视频文件地址" type="媒体文件类型/格式">
    <source src="音频\视频文件地址" type="媒体文件类型/格式">
    ……
</audio>
```

<source>标记具有几个属性:src 属性是指播放媒体的 URL 地址。type 表示媒体类型,属性值为播放文件的 MIME 类型(多用途互联网邮件扩展类型),该属性中的 codes 参数表示所使用的媒体编码格式。type 属性是可选属性,但最好不要省略 type 属性,否则浏览器会在从上往下选择时无法判断是否能播放而先行下载一小段视频(或音频)数据,这样就有可能浪费带宽和时间。

因为各个浏览器对各种媒体的媒体类型及编码格式的支持情况各不相同,所以使用 source 元素来指定多种媒体类型是非常有必要的。

常见的 MIME 类型如下。

1. 视频

- video/ogg;
- video/mp4;
- video/webm。

2. 音频

- audio/ogg;
- audio/mpeg。

例如,在 example9-03.html 中使用 source 元素链接两种不同格式的视频,浏览器播放第一个可识别视频,并继续识别第二个视频。

```
<!-- example9-03.html -->
<!DOCTYPE html>
<html>
    <head>
        <meta charset="utf-8">
        <title>HTML5 的 source 元素</title>
    </head>
    <body>
        <video width="320" height="240" controls autoplay="autoplay">
            <source src="media/movie.mp4"  type="video/mp4">
            <source src="media/movie.ogg"  type="video/ogg">
            您的浏览器不支持 HTML5 video 标记。
        </video>
    </body>
</html>
```

9.3.4 使用track元素添加字幕

track元素可以为使用video元素播放的视频或使用audio元素播放的音频添加字幕、标题或章节等文字信息。它为视频添加字幕的过程和为音频添加字幕的过程是相同的。由于它是<video>标记的子元素,<track>标记必须书写在<video>标记的开始标记与结束标记之间。如果使用<source>标记描述媒体文件,则<track>标记必须被书写在<source>标记之后。track元素是一个空元素,其开始标记与结束标记之间不包含任何内容。<track>标记的常用属性见表9-7。

表9-7 <track>标记常用属性

属性	属性值	描述
default	default	默认;如果用户没有选择任何轨道,则使用默认轨道
kind	captions chapters descriptions metadata subtitles	规定文本轨道的文本类型
label	text	规定文本轨道的标记和标题
src	URL	必需值,规定轨道文件的URL
srclang	language_code	规定轨道文本数据的语言;如果kind属性的属性值是"subtitles",则该属性是必需的

1.default

默认轨道(值:default)。default属性用于通知浏览器在用户没有选择使用其他字幕文件的时候,可以使用当前track文件。

2.kind

文本轨道的文本类型(值:captions、chapters、descriptions、metadata、subtitles)。kind属性用于指定字幕文件(即用于存放字幕、章节标题、说明文字或元数据的文件)的种类。

下面对kind属性的属性值进行具体说明。

①captions:该轨道定义将在播放器中显示的简短说明。

②chapters :该轨道定义章节,用于导航媒介资源。

③descriptions :该轨道定义描述文字,即用于当内容不可播放或不可见,通过音频描述的媒介内容。

④metadata:该轨道定义脚本使用的内容。

⑤subtitles :该轨道定义字幕,用于在视频中显示字幕。

3.label

文本轨道的标记和标题(值:text)。

4.src

轨道文件的URL,必选属性(值:URL)。src属性用于指定字幕文件的存放路径,该属性是一个必须使用的属性。src属性的属性值可以是一个绝对URL路径,也可以是一个相对URL路径。

5.srclang

轨道文本数据的语言(值:language_code)。srclang属性用于指定字幕文件的语言。例如,srclang="en"和srclang="zh-cn"分别表示字幕文件为英语和汉语。

例如,在example9-04.html中使用video元素播放一段视频,同时使用track元素在视频中显示字幕信息。这段代码使用track元素为video元素添加了两个字幕文件,效果如图9-14所示。如果是中文环境,就播放中文字幕;如果是英文环境,就播放英文字幕。

图9-14　track元素添加字幕

```
<!-- example9-04.html -->
<!DOCTYPE html>
<html>
<head>
<meta charset="utf-8">
<title>使用 track 元素添加字幕</title>
</head>
<body>
<video controls width="320" height="240" src="media/movie1.mp4">
<track default kind="captions" srclang="zh" src="vtt/friday-zh.vtt" />
<track default kind="captions" srclang="en" src="vtt/friday-en.vtt" />
抱歉,您的浏览器不支持嵌入视频!
```

```
</video>
</body>
</html>
```

9.3.5 视频和音频的方法和事件

HTML5 中 <video> 标记使用 DOM 进行控制，video 和 audio 元素同样拥有方法、属性和事件。

video 和 audio 元素的方法、属性和事件可以使用 JavaScript 进行控制。其中方法用于播放、暂停以及加载等；属性（比如时长、音量等）可以被读取或设置；DOM 事件能够通知<video>标记的当前状态，如开始播放、已暂停、已停止等。

1. video 和 audio 的方法

HTML5 为 video 和 audio 提供了接口方法，具体介绍见表9-8。

表9-8 接口方法

方法	描述
addTextTrack( )	向音频/视频添加新的文本轨道
canPlayType( )	检测浏览器能否播放指定的音频/视频类型
load( )	重新加载音频/视频元素
play( )	开始播放音频/视频
pause( )	暂停当前播放的音频/视频

2. video 和 audio 的事件

HTML5 还为 video 和 audio 元素提供了一系列接口事件，具体见表9-9。

表9-9 接口事件

方法	描述
play	当执行方法 play( ) 时触发
playing	正在播放时触发
pause	当执行了方法 pause( ) 时触发
timeupdate	当播放位置被改变时触发
ended	当播放结束后停止播放时触发
waiting	在等待加载下一帧时触发
ratechange	在当前播放速率改变时触发
volumechange	在音量改变时触发
canplay	以当前播放速率，需要缓冲时触发
canplaythrough	以当前播放速率，不需要缓冲时触发
durationchange	当播放时长改变时触发

续表

方法	描述
loadstart	当浏览器开始在网上寻找数据时触发
progress	当浏览器正在获取媒体文件时触发
suspend	当浏览器暂停获取媒体文件,且文件获取并没有正常结束时触发
abort	当中止获取媒体数据时触发;这种中止不是由错误引起的
error	在获取媒体的过程中出错时触发
emptied	当所在网络变为初始化状态时触发
stalled	浏览器尝试获取媒体数据失败时触发
loadedmetadata	加载完媒体元数据时触发
loadeddata	加载完当前位置的媒体播放数据时触发
seeking	浏览器正在请求数据时触发
seeked	浏览器停止请求数据时触发

项目 10
"美丽校园"网站首页的制作

10.1 学习目标

①掌握HTML5新增结构元素的使用。
②掌握HTML5新增分组元素的使用。
③掌握HTML5页面交互元素的使用及属性。
④掌握HTML5语义元素的使用及属性。
⑤熟练应用HTML5全局属性。
HTML5新增元素及属性的知识导图如图10-1所示。

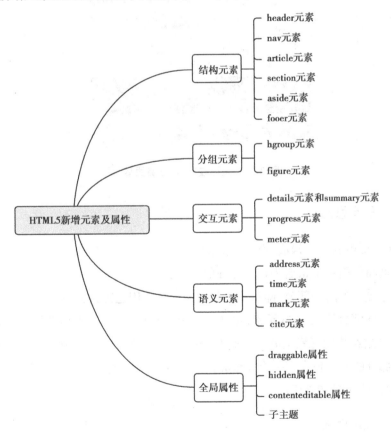

图10-1　HTML5新增元素及属性的知识导图

10.2 实训任务

10.2.1 实训内容

本实训任务是制作"美丽校园"网站首页。使用HTML5新增的结构元素布局页面,通过分组元素、语义元素等定义页面内容,效果如图10-2所示。

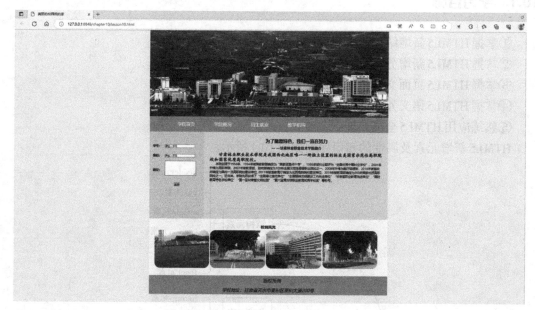

图10-2 "美丽校园"网站首页效果

10.2.2 设计思路

整个页面主要由三部分构成,设计思路如下。
(1)整体页面使用一个id名为container的div元素。
(2)头部主要分为两个部分,即header和nav;导航使用超链接完成。
(3)页面主体部分使用main元素,主要分为上下结构。其中,上面使用一个id名为top的div,其中嵌套左右结构的元素aside和article;下面使用一个section元素。
(4)页脚部分的设计包含了一个p元素和一个address元素。
页面结构设计如图10-3所示。

10.2.3 实施步骤

1.步骤一:创建"美丽校园"网站首页

①新建项目chapter10。
②在项目chapter10内新建页面,将它命名为"lesson10.html",如图10-4所示。

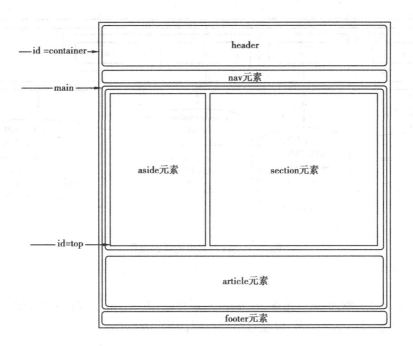

图10-3　页面结构

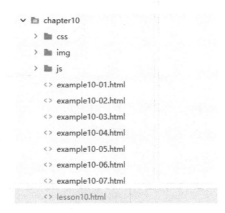

图10-4　项目结构

2. 步骤二

设置页面标题为"美丽的校园我的家",在 body 元素中插入 div 元素,设置 id 名为 container;在 container 中添加 header 元素、nav 元素、main 元素和 footer 元素。

3. 步骤三

在 header 元素中设置元素背景图片,设置背景图片的填充方式为 no-repeat、图片位置为 center。

4. 步骤四

在 nav 元素中添加 ul 元素设置水平导航条,如图 10-5 所示。

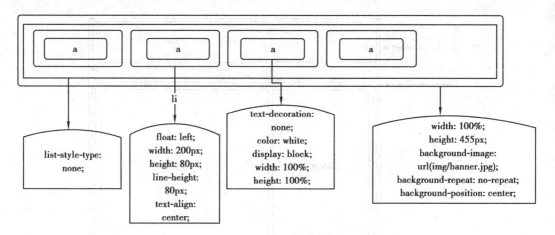

图10-5 nav元素中的详细设置

5.步骤五

在nav元素之后添加main元素,在main元素中添加一个div元素,设置id名为top,在top中添加aside元素和section元素,以左右结构排列,如图10-6所示。

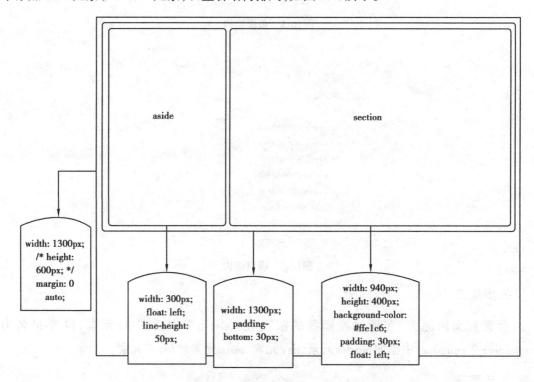

图10-6 id名为top中的详细设置

6.步骤六

在aside元素中添加表格元素,完成表单的设置,如图10-7所示。

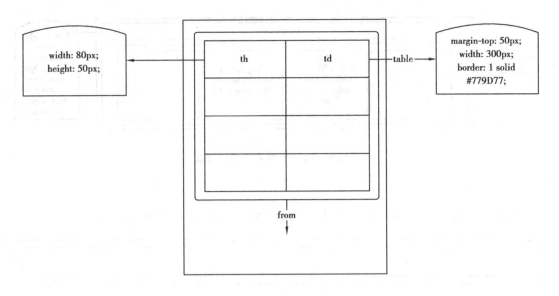

图10-7　aside元素中的详细设置

7.步骤七

在section元素中添加标题组元素hgroup和段落元素p，添加相应的文本内容，如图10-8所示。

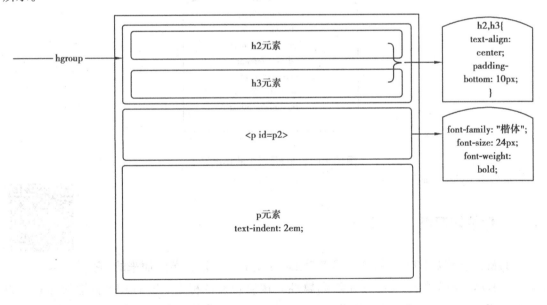

图10-8　section元素中的详细设置

8.步骤八

在\<div id=top\>下面添加article元素，并在元素中添加figure元素和figcaption元素，其中figure元素中添加四个img元素，如图10-9所示。

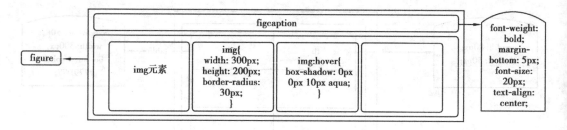

图10-9　article元素中的详细设置

9. 步骤九

footer元素中添加段落元素p和添加信息联系元素address，如图10-10所示。

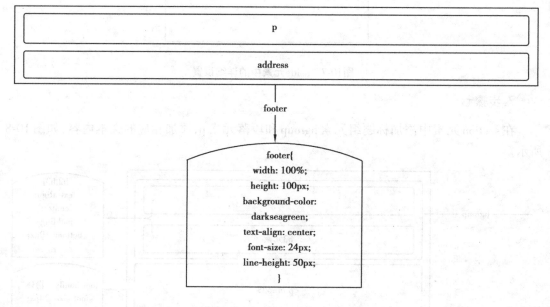

图10-10　footer元素中的详细设置

最终代码见二维码10-1。

10.3　储备知识点

HTML5规范是HTML5技术结合HTML4.01的相关标准并革新而来的，它保留了HTML规范的绝大部分元素和属性。按照现有的标准，把HTML5新增的元素分为HTML5新增结构元素、HTML5新增分组元素、HTML5新增页面交互元素、HTML5新增语义元素和HTML5新增全局属性。

10.3.1　HTML5新增结构元素

HTML5的设计者认为，网页应该和图书一样有结构。在HTML5版本之前，HTML4通常使用div元素进行网页布局，常用结构包括页眉、页脚、导航菜单和正文，通常使用div元素加上描述id或class来定义块的布局。

例如，在 example10-01.html 这段代码中可以看到有三个<div>标记分别表示页面的页眉部分、正文部分和页脚部分；由于 id 名称是自定义的，如果 HTML 文档作者没有提供含义明确的 id 名称，会导致 div 含义不明确。如将下面的代码<div id="header">替换成<div id="div1">，也不影响网页的页面显示效果，但查看网页代码时会让人较难理解。

```html
<!-- example10-01.html -->
<!DOCTYPE html>
<html>
    <head>
        <meta charset="utf-8">
        <title>div+css 布局</title>
    </head>
    <body>
        <div id="header">这是网页的页眉部分</div>
        <div id="content">这是网页的正文部分</div>
        <div id="footer">这是网页的页脚部分</div>
    </body>
</html>
```

因此，HTML5 规范在语义特征方面进行了较大的改进。在布局特点上与块元素相似，HTML5 新增了一整套新的语义化结构元素来描述网页内容，包括 header 元素、nav 元素、section 元素、article 元素、aside 元素、footer 元素等，可以分别用来定义网页的页眉、导航链接、区块、网页主体内容、工具栏和页脚等结构。

例如，在下面这段代码中，页面布局区块全部采用新的布局元素。这些结构元素虽然可以使用 div 元素来代替，但在语义方面更易被人理解，有利于搜索引擎对页面的检索与抓取。其执行效果如图 10-11 所示。

```html
<!-- example10-02.html -->
<!DOCTYPE html>
<html>
    <head>
        <meta charset="utf-8">
        <title>新布局元素</title>
        <style type="text/css">
            h2{
                text-align: center;
            }
            header{
                width:960px;
                height:150px;
                background-color:aquamarine;
                margin:0 auto;
            }
            nav{
                width:960px;
                height:30px;
                background-color:cadetblue;
```

```
                margin:0 auto;
            }
            main{
                width:960px;
                height:660px;
                margin:0 auto;
            }
            article{
                width:660px;
                height:600px;
                background-color:coral;
                float:left;
            }
            aside{
                width:300px;
                height:600px;
                background-color:brown;
                float:left;
            }
            section{
                width:100%;
                height:60px;
                background-color:#d8ff14;
                clear:left;
            }
            footer{
                width:960px;
                height:60px;
                background-color:aquamarine;
                margin:0 auto;
            }
        </style>
    </head>
    <body>
        <h2>使用 html5 新增的布局元素</h2>
        <header>页眉 header 元素</header>
        <nav>导航 nav 元素</nav>
        <main>
            <article>主要内容 article 元素</article>
            <aside>侧边栏 aside 元素</aside>
            <section>区块 section 元素</section>
        </main>
        <footer>页脚 footer 元素</footer>
    </body>
</html>
```

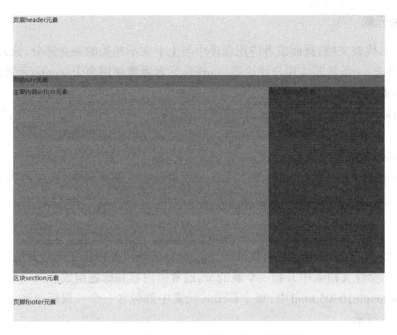

图10-11　使用HTML5新增元素布局的效果

下面详细讲解这些新增元素的使用方法。

1. header元素

<header>标记定义文档或者文档的一部分区域的页眉，其基本语法格式如下。

```
<header>
    <h1>网页主题</h1>
    ...
</header>
```

header元素一般被用作介绍内容或者导航链接栏的容器。在一个文档中，可以定义多个header元素。但需要注意，header元素不能被放在footer、address或者另一个header元素内部。

2. nav元素

nav元素用于定义导航链接，一般表示HTML页面中的导航，可以是页与页之间导航，也可以是页内的段与段之间导航。它是HTML5新增的元素。nav元素使HTML代码在语义化方面更加精确，同时对屏幕阅读器等设备的支持也更好。但并不是所有的链接组都要被放进nav元素，一般来说只需要将主要的、基本的链接组放进nav元素内。比如页脚中的服务条款、版权声明等也可以是一组链接，将它们放置在footer元素中更为合适。一个页面中可以拥有多个nav元素，作为页面整体或不同部分的导航。

例如，在example10-03.html中将这个链接组放置在了nav元素内，运行效果如图10-12所示。

图10-12　导航设置效果

3.article 元素

article 元素代表文档、页面或者应用程序中与上下文不相关的独立部分,该元素经常被用于定义一篇日志、一条新闻或用户评论等。article 元素通常使用多个 section 元素进行划分,一个页面中 article 元素可以出现多次。

除了内容部分,一个 article 元素通常有自己的标题,有时还有自己的脚注;如果 article 元素描述的结构中还有不同层次的独立内容,article 元素是可以嵌套使用的,嵌套时内层内容在原则上应当和外层内容相关联。

例如,在 example10-04.html 中,外层 article 元素包含了文章标题、正文内容和尾部,在正文中又分别嵌入了两个 article 元素描述网友评论的相关内容,如图 10-13 所示。

4.section 元素

section 元素用于定义文章中的章节。比如章节、页眉、页脚或文档的其他部分。一般用于成节的内容,会在文档流中开始一个新的节,通常由内容和标题组成。

例如在 example10-05.html 中,每个 section 元素中都包含一个一级标题和一个段落,运行效果如图 10-14 所示。

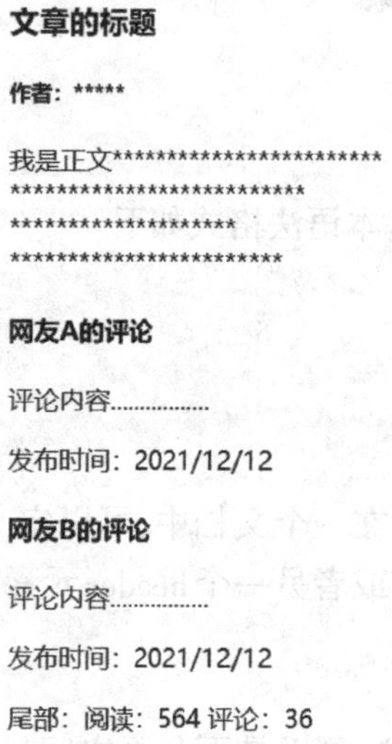

图 10-13　example10-04.html 的运行效果 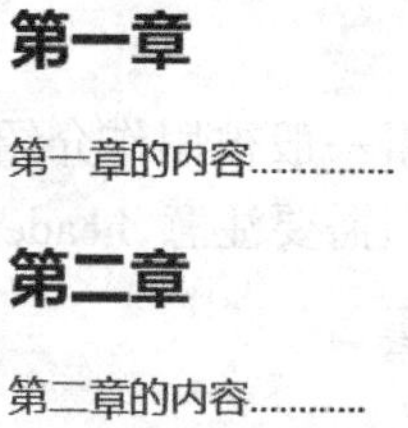　　　　图 10-14　example10-05.html 的运行效果

在实际应用中需要注意以下三点:

①不要将 section 元素用作设置样式的页面容器,那是 div 的特性。section 元素并非一个普通的容器元素,当一个容器需要被直接定义样式或通过脚本定义行为时,推荐使用 div。

②如果 article 元素、aside 元素或 nav 元素更符合使用条件,那么不要使用 section 元素。

③没有标题的内容区块不要使用 section 元素来定义。

example10-03.html、example10-04.html、example10-05.html 案例代码见二维码 10-2。

10-2

5.aside 元素

aside 元素用于定义当前页面或文章的附属信息部分,它可以包含与当前页面或主要内容相关的引用、侧边栏、广告、导航条以及主要内容之外的其他内容。aside元素的用法主要分为以下两种。

①被包含在article元素内作为主要内容的附属信息,其中的内容可以是与当前文章相关联的参考资料、名词解释等。

②在article元素之外使用,作为页面或站点全局的附属信息部分,其典型的形式是侧边栏,其中的内容可以是友情链接、文章列表、帖子等。

6.footer元素

footer元素用于定义一个页面或者区域的底部,它可以包含所有通常放在页面底部的内容,如作者、相关阅读链接及版权信息等。

例如,在下面这段代码中,footer里放置了版权信息内容。

```
<footer>
    <p>版权所有:甘霖小信</p>
</footer>
```

10.3.2　HTML 5新增分组元素

1.hgroup元素

hgroup元素用于将多个标题组成一个标题组,通常它与h1至h6元素组合使用。一般将hgroup元素放在header元素中。在下面这段代码中,hgroup元素中放置了三个标题元素。

```
<hgroup>
    <h1>为了陇原绿色,我们一直在努力</h1>
    <h2>——甘肃林业职业技术学院简介</h2>
    <h4>发布时间:2020-04-29 来源: 点击数:27855</h4>
</hgroup>
```

在使用hgroup元素时要注意以下三点:

①如果只有一个标题元素,不建议使用hgroup元素。

②当出现一个或者一个以上的标题与元素时,推荐使用hgroup元素作为标题元素。

③当一个标题包含副标题、section或者article元素时,建议将hgroup元素和标题相关元素存放到header元素容器中。

2.figure元素

figure元素用于定义独立的流内容(图像、图表、照片、代码等),一般指一个单独的单元。figure元素的内容应该与主内容相关,但如果其被删除,也不会对文档流产生影响。

figcaption元素用于为figure元素组添加标题,一个figure元素内最多允许使用一个figcaption元素,该元素应该放在figure元素的第一个或者最后一个子元素的位置。

在下面这段代码中,将馒头的两张图片归为一组,窝头的两张图片归为一组,并分别添加了元素组标题。代码的运行效果如图10-15所示。

```
<figure>
    <img src="images/p1.jpg">
```

```
        <img src="images/p2.jpg">
</figure>
<figcaption>我的厨艺作品——馒头</figcaption>
<figure>
        <img src="images/p3.jpg">
        <img src="images/p4.jpg">
</figure>
<figcaption>我的厨艺作品——窝头</figcaption>
```

图10-15　figure元素应用的运行效果

10.3.3　HTML5新增页面交互元素

HTML5新增页面交互元素主要包含details元素、summary元素、progress元素和meter元素。

1.details元素和summary元素

details元素用于描述文档或文档某个部分的细节。summary元素经常与details元素配合使用，作为details元素的第一个子元素，用于为details定义标题。标题是可见的，当用户单击标题时，会显示或隐藏details中的其他内容。

例如，在example10-06.html的这段代码中，通过details元素控制开启关闭的交互式控件；通过summary元素设置文本内容的标题，当单击"大学食堂节约倡议书"时，文本内容会显示或隐藏。代码的运行效果如图10-16所示。

```
<!-- example10-06.html -->
<!DOCTYPE html>
<html>
```

```
<head>
    <meta charset="UTF-8">
    <title>HTML5 新增的 details 元素、summary 元素</title>
</head>
<body>
    <section>
        <details><!--是 html5 新增的交互元素,details 与 summary 元素配合使用,使用 summary 元素为 details 元素定义标题,用户单击标题,内容才会出现,也可以不设置 summary 元素,浏览器默认显示"详情"-->
            <summary>大学食堂节约倡议书</summary>
            <ul>
                <li>1、打饭要适量,吃多少打多少,做到不随便剩饭剩菜;</li>
                <li>2、不偏食,不挑食;</li>
                <li>3、积极监督身边的同学和朋友,及时制止浪费的现象;</li>
                <li>4、就餐完后把餐具放回指定位置</li>
            </ul>
        </details>
    </section>
</body>
</html>
```

▼ 大学食堂节约倡议书
- 1、打饭要适量,吃多少打多少,做到不随便剩饭剩菜;
- 2、不偏食,不挑食;
- 3、积极监督身边的同学和朋友,及时制止浪费的现象;
- 4、就餐完后把餐具放回指定位置

图10-16　example10-06.html代码的运行效果

注意:<details>标记的内容对用户是不可见的,除非设置了open属性。

2.progress元素

progress元素用于表示一个任务的完成进度,常用于下载进度、加载进度等显示任务进度的场景。这个进度可以是不确定的,只表示进度正在进行,但是不清楚还有多少工作量没有完成。progress元素的常用属性值有两个,具体如下。

①value属性:已经完成的工作量,如果不指定value值,则显示一个动态的进度。

②max属性:总共有多少工作量。

例如在下面的代码中,第一个progress元素没有设置value值,因此显示的是动态进度条;第二个progress元素设置了value值和max值,所以显示的是固定的进度。代码的运行效果如图10-17所示。

```
正在下载<progress></progress><br />
该文件已下载<progress max="100" value="60"></progress><br />
```

图10-17　progress元素的应用效果

3.meter元素

meter元素用于表示一个已知最大值和最小值的计数器,常用于电池的电量、磁盘用量、速度表等。浏览器会使用图形的方式表示meter元素。meter元素有多个常用属性,见表10-1。

表10-1　meter元素常用属性、值

属性	值	描述
form	form_id	规定meter元素所属的一个或多个表单
high	number	规定被界定为高的值的范围
low	number	规定被界定为低的值的范围
max	number	规定范围的最大值,默认值是1
min	number	规定范围的最小值,默认值是0
optimum	number	规定度量的最优值
value	number	必需;规定度量的当前值

例如,在下面这段代码中,第一个meter元素中规定当前值小于最优值并小于low的值,第二个meter元素中规定当前值小于最优值并大于low的值,第三个meter元素中规定当前值大于最优值并大于high的值。代码的运行效果如图10-18所示。

```
手机剩余电量:<meter value="10" min="0" max="100" low="20" high="80" optimum="70">30</meter><br>
    磁盘占用空间:<meter value="30" min="0" max="100" low="20" high="80" optimum="70">30</meter><br>
        当前汽车的行驶速度是:<meter value="90" min="0" max="100" low="20" high="80" optimum="70">30</meter><br>
```

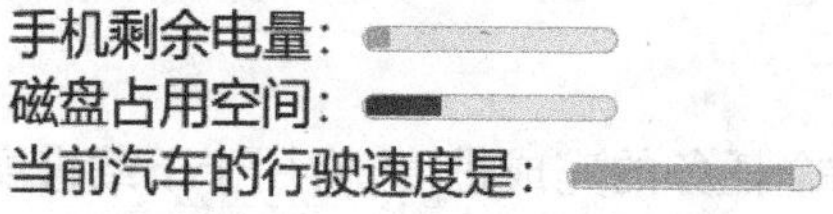

图10-18　meter元素的应用效果

10.3.4　HTML5新增语义元素

HTML5新增语义元素有address元素、time元素、mark元素和cite元素。

1. address元素

address元素用于定义文档作者/所有者的联系信息。

如果address元素位于body元素内部,则它表示该文档作者/所有者的联系信息。

如果address元素位于article元素内部,则它表示该文章作者/所有者的联系信息。

address元素的文本通常呈现为斜体。大多数浏览器会在该元素的前后添加换行。

例如,在下面这段代码中,address元素中包含了作者姓名、电话,Email等信息并以斜体显示,效果如图10-19所示。

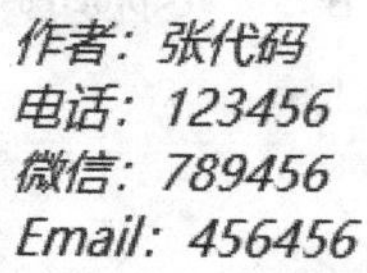

图10-19　address元素的应用效果

```
<address>
    <ul style="list-style-type:none;">
        <li>作者：张代码</li>
        <li>电话：123456</li>
        <li>微信：789456</li>
        <li>Email：456456</li>
    </ul>
</address>
```

2.time元素

time元素用于定义时间或日期，可以代表24小时中的某一时间。

time元素有如下属性：

①datetime属性：用于定义相应的时间或日期。取值为具体时间（如14：00）或具体日期（如2015-09-01），不定义该属性时，由元素的内容给定日期/时间。

②pubdate：用于定义time元素中的日期/时间是文档（或article元素）的发布日期，取值一般为"pubdate"。

例如，下面代码的第一条语句没有设置time元素的属性，即表示由元素内容给定时间；而第二条语句则设置了datetime属性。代码运行效果如图10-20所示。

```
<p>我们在每天早上 <time>9:00</time> 开始营业。</p>
<p>我在 <time datetime="2017-02-14">情人节</time> 有个约会。</p>
```

我们在每天早上9:00开始营业。

我在情人节有个约会。

图10-20　time元素的应用效果

3.mark元素

mark元素的主要功能是在文本中高亮显示某些字符，以引起用户注意。该元素的用法与em和strong有相似之处，但是使用mark元素在突出显示样式时更随意灵活。浏览器通常会用黄色显示<mark.../>标注的内容。

例如，如下代码中使用mark元素突出定义"牛奶"这个词语，运行效果中该词语出现黄色标注，效果如图10-21所示。

```
<p>今天别忘了买<mark>牛奶</mark>。</p>
```

今天别忘了买牛奶。

图10-21　mark元素的应用效果

4.cite元素

cite元素可以创建一个引用元素，用于说明文档参考文献的引用。一旦在文档中使用了该元素，该元素的文档内容将以斜体的样式展示在页面中，以区别于段落中的其他字符。

例如，在下面代码中，放进cite元素中的内容作为前面一段内容的出处，以斜体显示。代码运行效果如图10-22所示。

```
<p>也许越是美丽就越是脆弱,就像盛夏的泡沫。</p>
<cite>——明晓溪《泡沫之夏》</cite>
```

也许越是美丽就越是脆弱,就像盛夏的泡沫。

——明晓溪《泡沫之夏》

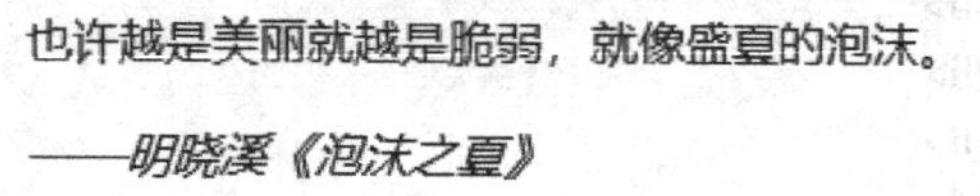

图10-22 cite元素的应用效果

10.3.5 HTML5新增全局属性

HTML5新增全局属性有draggable属性、hidden属性、contenteditable属性和spellcheck属性。

1.draggable属性

draggable属性用来定义元素是否可以拖动,该属性有两个值:true和false,默认为false。当值为true时,表示元素选中之后可以进行拖动操作,否则不能拖动。

2.hidden属性

在HTML5中,大多数元素都支持hidden属性。该属性有两个属性值:true和false。当hidden属性取值为true时,元素将会被隐藏,反之则会显示。元素中的内容是通过浏览器创建的,页面装载后允许使用JavaScript脚本将该属性取消。取消后该元素变为可见状态,同时元素中的内容也即时显示出来。

3.contenteditable属性

HTML5为大部分元素增加了contenteditable属性,规定是否可编辑元素的内容,但前提是该元素必须可以获得鼠标焦点并且其内容不是只读的。该属性有两个值,为true表示可编辑,为false表示不可编辑。

4.spellcheck属性

spellcheck属性主要针对input元素和textarea文本输入框,对用户输入的文本内容进行拼写和语法检查。spellcheck属性有两个值:true(默认值)和false。取值为true时检测输入框中的值,反之不检测。

在案例example10-11.html中,首先,设置了ul的contenteditable属性,可以对列表项内容进行编辑;其次,设置了logo的draggable属性,允许图片拖动;再次,设置了段落的hidden属性,结合JavaScript脚本,单击按钮使文本隐藏,再次单击使文本显示;最后,设置了textarea文本输入框的spellcheck属性,当输入内容时,检测输入框中的值。源代码见二维码10-3。

代码运行效果如图10-23所示。

图10-23 example10-11.html代码的运行效果

项目 11
个人微博页面的制作

11.1 学习目标

①掌握表格标记的应用。
②能够创建表格并添加表格样式。
③掌握表格属性的设置。
表格标记的知识导图如图11-1所示。

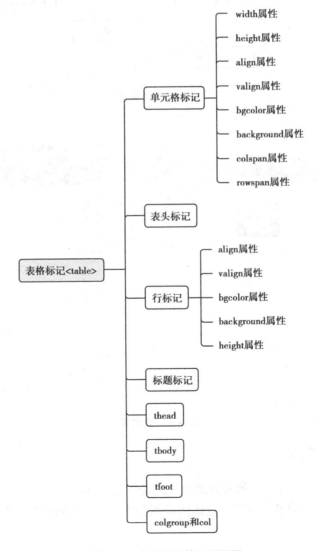

图11-1 表格标记的知识导图

11.2 实训任务

11.2.1 实训内容

使用HTML5布局元素和表格元素制作个人微博页面,页面主要包含三个部分,即页面的头部、主体和页脚部分,页面关系如图11-2所示,页面效果如图11-3所示。

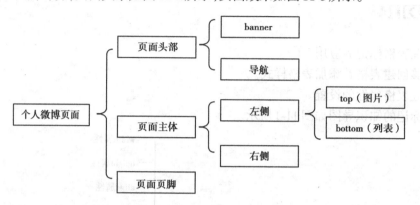

图11-2 页面关系

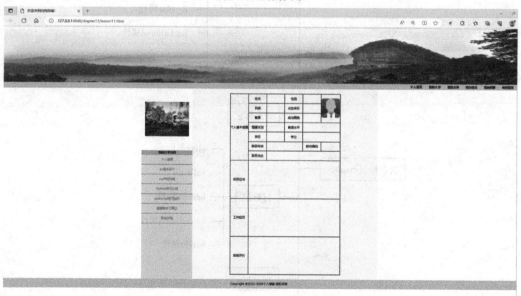

图11-3 页面效果

11.2.2 设计思路

下面结合HTML 5布局元素和表格元素来完成个人微博页面的制作。整个页面分为三个部分,其中头部导航由表格来实现,主体部分通过两个表格的嵌套来完成,具体设计思路如下。

1.个人微博页面的布局

个人微博页面一共分为三个部分——头部、主体和版权页脚,页面设计如图11-4所示。

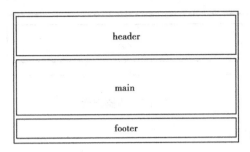

图11-4 页面设计

2.个人微博页面的头部布局

头部主要分为两个部分——图片和导航;导航使用一个1×6的表格完成,具体结构设计如图11-5所示。

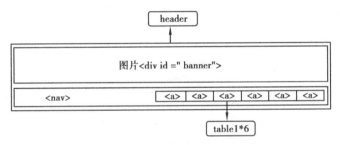

图11-5 头部结构

3.个人微博页面的主体部分

页面主体为左右结构,使用2×2的一个表格来设置,其中右侧的两个单元格合并,并嵌入一个10×6的表格,如图11-6所示。

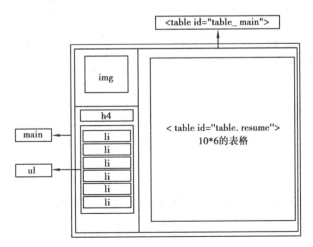

图11-6 主体部分结构

4.页脚部分

页脚部分只包含一个<p>元素,结构设计如图11-7所示。

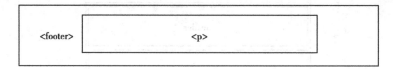

图11-7 页脚结构

11.2.3 实施步骤

1.步骤一:创建个人微博页面

①新建项目chapter11。

②在项目chapter11内新建个人微博页面,将它命名为"lesson11.html",如图11-8所示。

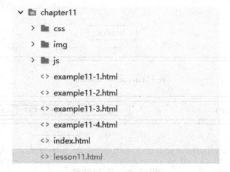

图11-8 项目结构

③设置页面标题为"欢迎来到我的微博!",使用HTML5布局元素header、main、footer创建页面基本结构。

```
<!DOCTYPE html>
<html>
    <head>
        <meta charset="utf-8" />
        <title>欢迎来到的我微博!</title>
    </head>
    <body>
        <header></header>
        <main></main>
        <footer></footer>
    </body>
</html>
```

④使用CSS清除页面的内外边距,重置超链接的样式。

```
*{
    padding: 0;
    margin: 0;
}/* 清除所有标记的内外边距 */
```

```css
body{
    background-color:lightyellow;
}
a{
    text-decoration:none;
    color: black;
}/* 重置页面中所有超链接的样式 */
```

2.步骤二:给header部分添加页面元素

①在header中添加div元素,给div元素添加属性id="banner",在div元素中添加图片元素img。

```html
<div id="banner"><img src="./img/banner.jpg" ></div>
```

②在header中再添加nav元素,在nav中添加一个1×6的表格,设置表格id为table_nav,表格border属性、cellspacing属性、cellpadding属性为0,表格右对齐;在表格的每个表头单元格内添加一个超链接,并加入文本。

```html
<nav>
    <table border="0" cellspacing="0" cellpadding="0" id="table_nav" align="right"><!-- 创建水平表格导航 -->
        <tr>
            <th><a href="#">个人首页</a></th>
            <th><a href="#">我的大学</a></th>
            <th><a href="#">我的文章</a></th>
            <th><a href="#">我的音乐</a></th>
            <th><a href="#">我的相册</a></th>
            <th><a href="#">给我留言</a></th>
        </tr>
    </table>
</nav>
```

③使用CSS设置<header>标记中元素的样式,代码运行效果如图11-9所示。

```css
/* 头部样式设置 */
header{
    width:100%;/* 设置与父元素同宽 */
}
#banner{
    width:100%;/* 设置与父元素同宽 */
    height:293px;/* 设置元素的高度 */
}
#banner img{
    width:100%;
    height:293px;
}
nav{
    width:100%;
    height:30px;/* 设置导航高度 */
    background-color:#c8d9c5;
```

```
}
nav table{
    width:600px;/* 设置表格宽度 */
    height:100%;/* 设置表格高度和 nav 同高 */
}
#table_nav td{
    width:100px;/* 设置单元格宽度 */
}
```

图11-9　header部分的效果

3. 步骤三:主体部分的制作

①给 main 元素添加一个 2×2 的表格,设置表格的 id 属性、border 属性、cellspacing 属性和 cellpadding 属性;然后使用 rowspan 属性合并单元格,并设置单元格居中;添加 colgroup 元素设置表格第一列和第二列的样式。

②给左侧第一个单元格添加图片,设置图片样式,效果如图 11-10 所示。

图11-10　图片效果

③给左侧第二个单元格内添加 h4 元素和 ul 元素,并添加相应文本,设置其样式,代码如下,效果如图 11-11 所示。

```
<!-- 设置页面主体的结构 -->
<main>
    <table border="0" cellspacing="0" cellpadding="0" id="table_main">
        <colgroup span="2">
            <col  style="width:280px;"><!-- 设置第一列的宽度 -->
            <col  style="width:1000px; background-color:#EBFFE7;"><!-- 设置第二列的宽度和背景颜色 -->
        </colgroup>
        <tr>
```

```html
                <td align="center"><!-- 设置单元格内内容水平居中 -->
                    <img src="img/fj.jpg" ><!-- 在单元格内添加图片 -->
                </td>
                <td rowspan="2" align="center"><!-- 合并单元格 -->
                </td>
            </tr>
            <tr>
                <td id="td_aside" valign="top"><!-- 单元格垂直对齐方式设置为顶对齐 -->
                    <h4>我的文章分类</h4>
                    <ul>
                        <li>个人随笔</li>
                        <li>ps 美术设计</li>
                        <li>CSS 样式风格</li>
                        <li>Python 学习心得</li>
                        <li>JavaScript 学习技巧</li>
                        <li>数据库学习笔记</li>
                            <li>职业规划</li>
                    </ul>
                </td>
                <!-- <td></td> 合并单元格后需要删除的单元格-->
            </tr>
    </table>
</main>
```

```css
/* 设置页面主体部分的 CSS 样式 */
main{
            width:1280px;
            height:1000px;
            background-color:azure;
            margin:0 auto;/* 设置 main 元素水平居中 */
}
#table_main{
            width:100%;
            height:100%;
}
#table_main>tr:first-child{/* 关系选择器和结构伪类选择器的结构 */
height:280px;/* 设置 id 为 table_main 的表格第一行的高度 */
}
#td_aside{
            background-color:#d9e6e6;
}
#td_aside h4{
            height:24px;
            width:280px;
            text-align:center;
            background:mediumturquoise;
}
#td_aside ul{
            list-style-type:none;/* 设置列表项的项目符号为 none */
            width:100%;
```

```
        }
        #td_aside ul li{
            width:100%;
            height:50px;
            text-align:center;
            line-height:50px;
            border-bottom:dotted black 2px;/* 设置列表项的下边框线样式 */
            color:#39a6a1;
        }
```

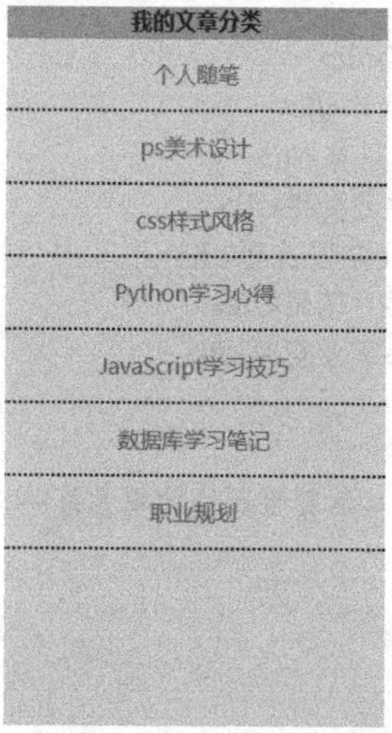

图11-11 左侧第二个单元格内的效果

④给右侧合并的单元格嵌套一个10×6的表格。按照如图11-12所示效果，合并表格中相应的单元格，并添加文本和图片。代码如下。

```
<!-- 嵌套表格的制作 -->
<td rowspan="2" align="center"><!-- 合并单元格 -->
    <table border="1" cellspacing="0" cellpadding="0" id="table_resume"><!-- 嵌套表格 -->
        <colgroup span="1" style="background-color:lightgoldenrodyellow;">
</colgroup><!-- 设置第一列的背景颜色 -->
        <tr>
            <td rowspan="7">个人基本信息</td>
            <td>姓名</td>
            <td></td>
            <td>性别</td>
            <td></td>
            <td rowspan="3"><img src="img/zj.png" ></td>
        </tr>
        <tr>
            <!-- <td></td> -->
            <td>民族</td>
            <td></td>
            <td>出生年月</td>
            <td></td>
            <!-- <td></td> -->
```

```html
        </tr>
        <tr>
            <!-- <td></td> -->
            <td>籍贯</td>
            <td></td>
            <td>政治面貌</td>
            <td></td>
            <!-- <td></td> -->
        </tr>
        <tr>
            <!-- <td></td> -->
            <td>健康状况</td>
            <td></td>
            <td>英语水平</td>
            <td colspan="2"></td>
            <!-- <td></td> -->
        </tr>
        <tr>
            <!-- <td></td> -->
            <td>学历</td>
            <td></td>
            <td>专业</td>
            <td colspan="2"></td>
            <!-- <td></td> -->
        </tr>
        <tr>
            <!-- <td></td> -->
            <td>联系电话</td>
            <td colspan="2"></td>
            <!-- <td></td> -->
            <td>邮政编码</td>
            <td></td>
        </tr>
        <tr>
            <!-- <td></td> -->
            <td>联系地址</td>
            <td colspan="4"></td>
            <!-- <td></td>
            <td></td>
            <td></td> -->
        </tr>
        <tr>
            <td>所获证书</td>
            <td colspan="5"></td>
            <!-- <td></td>
            <td></td>
            <td></td> -->
        </tr>
```

```
            <tr>
                <td>工作经历</td>
                <td colspan="5"></td>
                <!-- <td></td>
                <td></td>
                <td></td>
                <td></td> -->
            </tr>
            <tr>
                <td>自我评价</td>
                <td colspan="5"></td>
                <!-- <td></td>
                <td></td>
                <td></td>
                <td></td> -->
            </tr>
        </table>
</td>
```

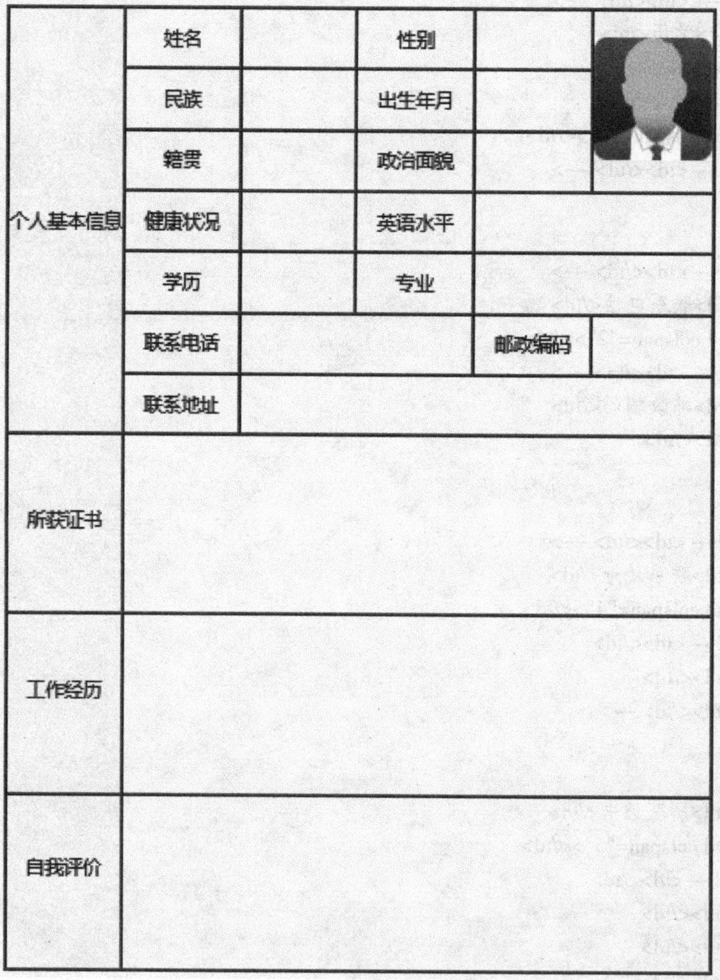

图11-12 嵌套表格效果

⑤给嵌套表格添加 CSS 样式。

```css
/* 嵌套表格的 CSS 样式 */
            #table_resume{
                    width:600px;/* 设置嵌套表格的宽度 */
                    height:500px;/* 设置嵌套表格的高度 */
            }
            #table_resume img{
                    width:100px;
            }
            #table_resume tr{
                    height:50px;
            }
            #table_resume td{
                    width:100px;
                    text-align:center;设置表格单元格内的文本水平居中对齐
            }
            #table_resume tr:nth-child(8),#table_resume tr:nth-child(9),#table_resume tr:nth-child(10){
                    height: 200px;/* 设置表格第 8、9、10 行的高度 */
            }
```

4.步骤四:页面页脚的制作

①给<footer>标记内添加一个 p 元素,并添加文本。

```html
<footer><p>Copyright &copy;2022-2028 个人博客 版权所有</p></footer>
```

②给页脚设置 CSS 样式。

```css
/* 页脚的 CSS 样式 */
footer{
            width:100%;
            height:50px;
            background-color:#c8d9c5;
}
            footer p{
                    width:100%;
                    height:100%;
                    line-height:50px;/* 通过行高等于元素高度来设置文本的垂直对齐方式 */
                    text-align: center;
            }
```

11.3 储备知识点

表格是网页制作中使用得最多的工具之一。在制作网页时,为了使网页中的元素有条理地显示,可以使用表格对网页进行规划,如图 11-13、图 11-14 所示。

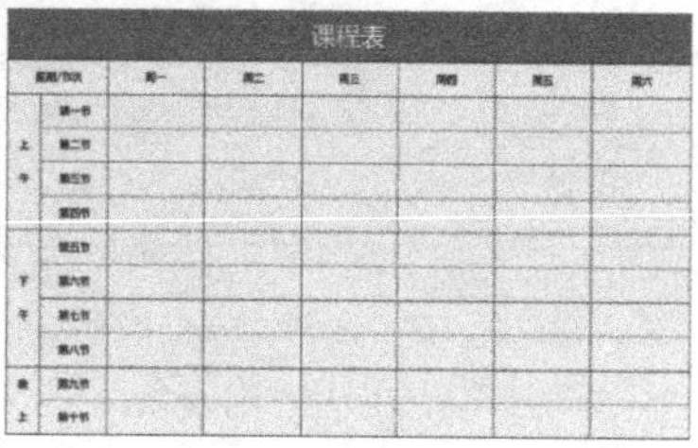

图11-13　课程表 　　　　　　　　　图11-14　航班表

11.3.1　表格标记

在制作网页时，所有元素都是通过标记定义的，如果需要创建表格，就需要使用表格相关的标记。表格由一般通过四个标记来创建，分别是表格标记<table>、行标记<tr>、数据单元格标记<td>和表头单元格标记<th>。每个表格均有若干行，每行被分割为若干单元格，数据单元格可以包含文本、图片、列表、段落、表单、水平线、表格等内容。

使用标记创建表格的基本语法格式如下。

```
<table>
    <tr>
        <th>Header</th>
        ......
    </tr>
    <tr>
        <td>Data</td>
        ......
    </tr>
    ......
</table>
```

<table></table>：用来定义表格，整个表格需要包含在<table></table>标记对中。在<table>标记内可以放置表格的标题、表格行和单元格等。

<tr></tr>：定义HTML表格中的行，必须嵌套在<table></table>标记中。在<table></table>中包含几对<tr></tr>，就表示该表格中有几行。

<td></td>：定义HTML表格中的单元格，必须嵌套在<tr></tr>标记中。在<tr></tr>中包含几对<td></td>，就表示该表格中有几列。

<th></th>：定义HTML表格中的表头单元格，必须嵌套在<tr></tr>标记中。在<tr></tr>中包含几对<th></th>，就表示该表格中有几个表头单元格。

表头一般位于表格的第一行或第一列，<th>标记内部的文本通常会呈现为居中的粗体文本，而<td>定义的普通单元格，文本通常是左对齐。

提示：表格学习中，单元格<td>标记是核心，表格中所有的内容都是在<td>标记内，<td>标记中还可以嵌套表格<table>标记。但是，<tr>标记中只可以嵌套<td>标记或<th>标记，不可以在<tr>标记中输入文字。

例如，在example11-1.html中设置的学生信息表效果如图11-15所示。

姓名　　学号　　　　专业
张丽 20201031201 计算机应用技术
李海 20201031414 计算机网络技术
王娜 20201031508 人工智能

图 11-15　example11-1.html 中学生信息表的运行效果

11.3.2 \<table>标记的属性

表格标记中包含了大量属性，用于控制表格的显示样式，具体见表 11-1。

表 11-1　\<table>标记的常用属性

属性	描述	属性值
border	设置表格的边框（默认 border="0" 为无边框）	像素值
cellspacing	设置单元格与单元格边框之间的空白间距	像素值（默认为 2 px）
cellpadding	设置单元格内容与单元格边框之间的空白间距	像素值（默认为 1 px）
width	设置表格的宽度	像素值
height	设置表格的高度	像素值
align	设置表格在网页中的水平对齐方式	left、center、right
bgcolor	设置表格的背景颜色	预定义的颜色值、十六进制#RGB、rgb(r,g,b)
background	设置表格的背景图像	URL 地址

1. border 属性

border 属性规定表格单元周围是否显示边框，默认值为 0。border 属性会为每个单元格应用边框，并用边框围绕表格。如果 border 属性的值发生改变，那么只有表格周围边框的尺寸会发生变化。表格内部的边框则是 1 像素宽。基本语法格式如下。

```
<table border="1">
```

当设置 border 属性值为 1 时，example11-1.html 中代码的运行效果如图 11-16 所示。

姓名	学号	专业
张丽	20201031201	计算机应用技术
李海	20201031414	计算机网络技术
王娜	20201031508	人工智能

图 11-16　设置 border 属性值为 1 时的表格效果

当设置 border 属性值为 10 时，example11-1.html 中表格的运行效果如图 11-17 所示。

图11-17　设置border属性值为10时的表格效果

此时会发现表格的外边框变宽了,但内边框是没有改变的。其实在表格的双线边框中,外边框是由<table>标记控制的,而内边框是由<td>标记控制的。

注意:在 HTML5 中,仅支持"border"属性,并且只允许使用值"0"或"1"。

2.cellspacing属性

cellspacing 属性规定单元格和单元格之间的空间,以像素计,默认为 2 px。其基本语法格式如下。

```
<table border="10" cellspacing="10">
```

当设置 cellspacing 属性值为10时,example11-1.html 中代码的运行效果如图 11-18 所示。

图11-18　cellspacing属性值为10时的表格效果

3.cellpadding属性

cellpadding 属性规定单元格内容与单元格边框之间的空白间距,默认值为1。其基本语法格式如下。

```
<table border="10" cellspacing="10" cellpadding="15">
```

当设置 cellpadding 属性值为 15 时,example11-1.html 中代码的运行效果如图 11-19 所示。

4.设置width属性和height属性

width 属性和 height 属性用于规定表格的宽度和高度。默认情况下,表格会占用需要的空间来显示表格数据。它们的基本语法格式如下。

```
<table width="600px" height="400px" border="10" cellspacing="10" cellpadding="15">
```

提示:从实用角度出发,最好不要规定宽度,而是使用CSS。

当设置 width 属性值为 600 px,height 属性值为 400 px 时,example11-1.html 中的代码运行

效果如图11-20所示。

图11-19　cellpadding属性值为15时的表格效果

图11-20　设置宽度、高度属性后的表格效果

5.align属性

align属性用于规定元素的水平对齐方式，其属性值包括left、center和right，对应的基本语法格式如下。

```
<table align="left|right|center">
```

提示：align属性规定的是表格相对于周围文本的对齐方式，或表格在页面中的水平对齐方式，而表格中的内容是不受影响的。

当设置align属性值为center时，example11-1.html中代码的运行效果如图11-21所示。

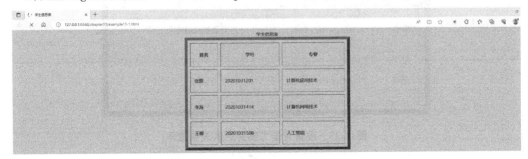

图11-21　设置对齐属性后的表格效果

6.bgcolor属性

bgcolor属性用于规定表格的背景颜色,其基本语法格式如下。

```
<table bgcolor="color_name|hex_number|rgb_number">
```

当设置bgcolor属性值为aquamarine(水蓝色)时,example11-1.html中代码的运行效果如图11-22所示。

姓名	学号	专业
张丽	20201031201	计算机应用技术
李海	20201031414	计算机网络技术
王娜	20201031508	人工智能

图11-22　设置背景色属性后的表格效果

7.background属性

background属性用于规定表格的背景图像,其基本语法格式如下。

```
<table background="img/hua.png">
```

当设置background属性值为img/hua.png时,example11-1.html中代码的运行效果如图11-23所示。

姓名	学号	专业
张丽	20201031201	计算机应用技术
李海	20201031414	计算机网络技术
王娜	20201031508	人工智能

图11-23　设置背景为图片后的表格效果

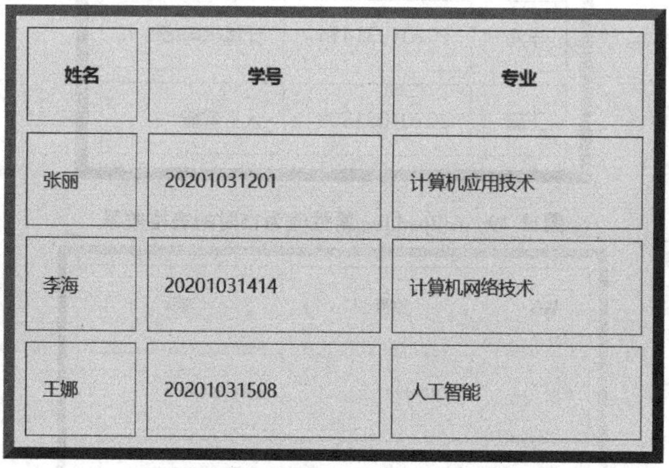

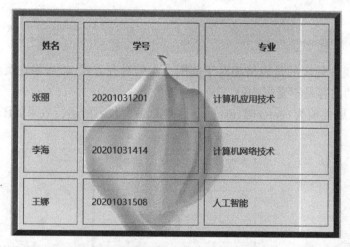

11.3.3 <tr>标记的属性

制作网页时,如需对表格中的某一行设置样式,则需要通过<tr>标记的属性来定义。其常见属性见表11-2。

表11-2 <tr>标记的常见属性

属性	描述	属性值
align	定义表格行的内容对齐方式	right、left、center
valign	规定表格行中内容的垂直对齐方式	top、middle、bottom
bgcolor	规定表格行的背景颜色	预定义的颜色值、十六进制#RGB、rgb(r,g,b)
background	设置行背景图像	URL地址
height	设置行高度	像素值

提示:<tr>标记中的常用属性大部分和<table>标记的属性相同,用法类似;<tr>标记无宽度属性width,其宽度取决于表格标记<table>;虽然可以对<tr>标记应用background属性,但是在<tr>标记中此属性兼容问题严重,建议使用CSS来控制标记样式。

11.3.4 <td>标记的属性

在表格样式设置中,如需控制单元格的样式,则要使用单元格<td>标记的属性。其常见属性见表11-3。

表11-3 <td>标记的常见属性

属性名	描述	属性值
width	设置单元格的宽度	像素值
height	设置单元格的高度	像素值
align	设置单元格内容的水平对齐方式	left、center、right
valign	设置单元格内容的垂直对齐方式	top、middle、bottom
bgcolor	设置单元格的背景颜色	预定义的颜色值、十六进制#RGB、rgb(r,g,b)
background	设置单元格的背景图像	URL地址
colspan	设置单元格横跨的列数(用于合并水平方向的单元格)	正整数
rowspan	设置单元格竖跨的行数(用于合并竖直方向的单元格)	正整数

与<tr>标记相同,<td>标记的大部分属性和<table>标记相同,用法也类似。但与<table>标记不同的是,<td>标记可以控制单元格的合并,涉及的就是colspan属性和rowspan属性。

colspan属性用于定义单元格应该横跨的列数,其基本语法格式如下。

```
<td colspan="4">
```

rowspan属性则用于定义单元格应该横跨的行数,其基本语法格式如下。

```
<td rowspan="4">
```

提示:当设置单元格合并时,一定要将合并后多出的单元格删除。

例如,在example11-2.html中学生信息表的显示效果如图11-24所示。

图11-24　设置单元格合并后的表格效果

11.3.5　\<caption\>标记

\<caption\>标记定义表格的标题,必须被直接放置到 \<table\> 标记之后。每个表格定义一个标题。其基本语法格式如下。

```
<caption>学生信息表</caption>
```

提示:\<caption\> 标记必须放置在\<table\>标记内,\<tr\>标记之前;通常这个标题会居于表格之上。然而,CSS 属性"text-align"和"caption-side"却能用来设置标题的对齐方式和显示位置。

例如,在example11-1.html 的学生信息表中添加\<caption\>标记,其运行结果如图 11-25所示。

图11-25　\<caption\>标记的效果

11.3.6 <thead>标记、<tbody>标记和<tfoot>标记

<thead>标记、<tbody>标记、<tfoot>标记通常用于对表格内容进行分组。<thead>标记、<tbody>标记、<tfoot>标记相当于三间房子,每间房子都可以用来放东西。<thead>标记用于定义表格表头,<tbody>标记用于定义表格主体,<tfoot>标记则用于定义表格页脚。

当创建某个表格时,也许希望拥有一个标题行,一些带有数据的行以及位于底部的一个总计的行。这种划分使浏览器能支持独立于表格标题和页脚的表格正文滚动。当长表格被打印时,表格的表头和页脚可被打印在包含表格数据的每张页面上。三者的结构关系如图11-26所示。

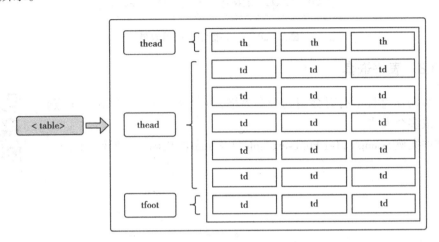

图11-26 <thead>标记、<tbody>标记和<tfoot>标记的结构关系

11.3.7 <col>标记和<colgroup>标记

<colgroup>标记用于对表格中的列进行组合,以便对其进行格式化。通过使用<colgroup>标记,可以向整个列应用样式,而不需要重复为每个单元格或每行设置样式。其中,span属性定义了<colgroup>标记应该横跨的列数。如果想对<colgroup>标记中的列定义不同的属性,需要在<colgroup>标记内使用<col>标记。

提示:<colgroup>标记只能在<table>标记之内,在任何一个<caption>标记之后,在任何一个<thead>、<tbody>、<tfoot>或<tr>标记之前使用。

例如,在example11-3.html中设置表格的前两列背景颜色为"red",如图11-27所示。

图11-27 <colgroup>标记的应用效果

<col>标记规定了<colgroup>标记内部的每一列的列属性,<col>标记没有结束标记,一般作为<colgroup>标记的子标记使用。通过使用<col>标记,可以向整列应用样式,而不需要重

复设置。在<col>标记中,也有span属性。span属性用于规定<col>标记应横跨的列数。

提示:<col>标记是仅包含属性的空元素。如需创建列,我们必须在<tr>标记内部规定<td>标记。<col>标记只能在<table>标记或<colgroup>标记内部使用。

例如,在example11-4.html中设置前三列为一个组合,并且在前三列中,第一、第二列的背景颜色为红色,第三列的背景颜色为黄色,如图11-28所示。

商品编号	商品名称	价格	数量
3476896	消毒液	6元	200
5869207	酒精	4元	300

图11-28 <col>标记的应用效果

11.3.8 表格嵌套

在网页制作过程中有时会用到嵌套表格,即在表格的一个单元格中嵌套使用一个或多个表格。

上文中案例example11-1.html~example11-4.html源代码见二维码11-1。

11-1

项目 12
"信息工程学院岗位实习调查表"页面制作

12.1 学习目标

①理解表单标记的多种不同的表现形式。
②掌握表单标记的格式、使用及常见的属性含义。
③掌握 HTML5 中新增的表单标记属性。
④掌握 CSS 美化表单的方法。
表单知识导图如图 12-1 所示。

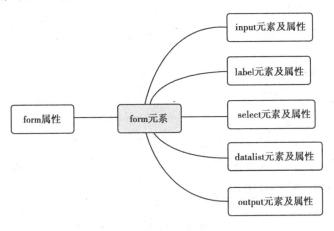

图12-1 表单知识导图

12.2 实训任务

12.2.1 实训内容

使用 HTML5 布局元素完成页面设置,通过表单元素完成"信息工程学院岗位实习调查表"信息的搜集,包括单行文本输入框、单选框、复选框、下拉菜单、提交按钮等。网页最终效果如图 12-2 所示。

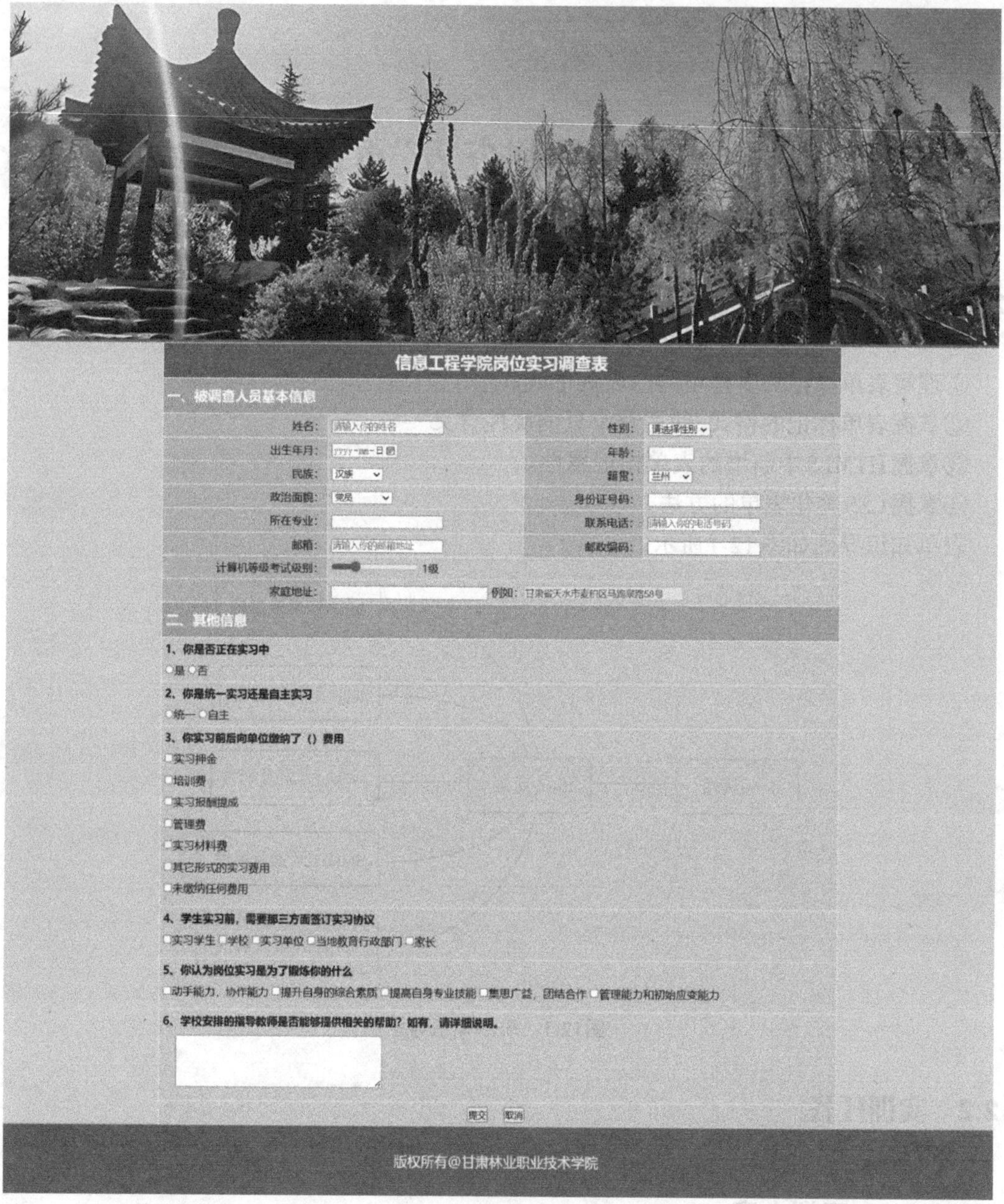

图12-2　页面最终效果

12.2.2　设计思路

使用 HTML5 布局元素和表单元素完成"信息工程学院岗位实习调查表"页面的制作。页面整体布局主要分为三个部分，分别为 header、main、footer，在 main 元素中添加表单主体内容。为了表单看起来更美观，采用表格的形式完成表单项的布局，整体页面关系如图 12-3 所示。

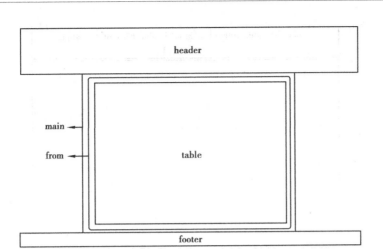

图12-3 整体页面关系

12.2.3 实施步骤

1. 步骤一

创建"信息工程学院岗位实习调查表"页面。

① 新建项目chapter12。

② 在项目chapter12内新建"信息工程学院岗位实习调查表"页面,将它命名为"lesson12.html",如图12-4所示。

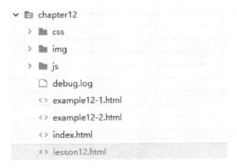

图12-4 项目结构

2. 步骤二

设置页面标题为"信息工程学院岗位实习调查表",在body元素中依次插入header元素、main元素和footer元素,三个元素的设置如图12-5所示。

3. 步骤三

在header元素中插入一张校园风景图,并设置图片宽为100%,高为480 px。

4. 步骤四

在main元素中插入表单元素form,在form元素中插入一张18×4的表格,基本设置如图12-6所示。

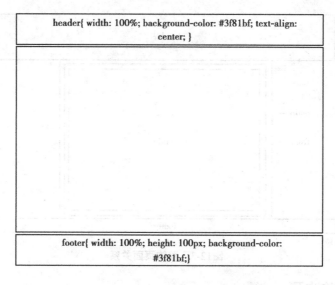

图12-5 header与footer元素的基本设置

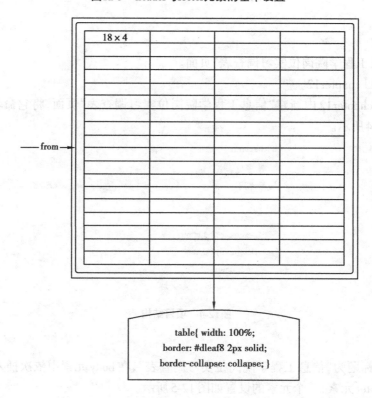

图12-6 table标记的基本设置

5.步骤五

根据表格需求，将第一行、第二行、第11~18行分别合并单元格，在第一行、第二行和第11行添加文本内容；设置相应的行及单元格属性，如图12-7所示。

项目12 "信息工程学院岗位实习调查表"页面制作

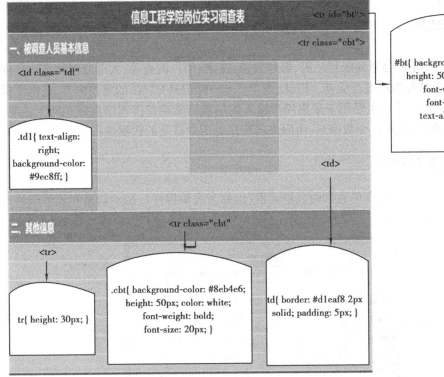

图12-7 相关行及单元格属性设置

6.步骤六

完成第一部分表单提示信息的添加及input元素的插入,主要包含以下表单控件:单行文本输入框、select下拉列表、number控件、data控件、email控件、tel控件、datelist下拉列表和range控件;同时设置input元素的属性,如required、placeholder、size、maxlength、disabled、max、min等。具体属性设置见源代码。注意,在range控件设置中还添加了output元素,对滑块取值进行显示。

7.步骤七

完成第二部分表单内容的添加及表单控件的插入,主要包含单选框和复选框;在设置过程中将lable元素和控件相关联,实现单击文本即可选中控件的效果。具体属性设置见源代码。

8.步骤八

在最后一行插入两个按钮控件,功能分别是提交和重置。

9.步骤九

在footer元素中输入相应文本,并对文本进行设置。
最终HTML代码见二维码12-1。

12.3 储备知识点

在实际使用中,经常会遇到账号注册、账号登录、搜索、用户调查等,大部分网站在这些问题上使用HTML表单与用户进行交互。因此,表单<form>标记是HTML的重要内容,是网页提供的一种交互式操作手段,主要用于采集用户输入的信息。无论是搜索信息还是网上注册,都需要表单提交数据,用户提交数据后,由服务器程序对用户提交的数据进行处理。

12.3.1 表单的构成

在HTML中一个完整的表单通常由表单元素(也称为表单控件)、提示信息和表单域共三个部分构成,如图12-8所示。

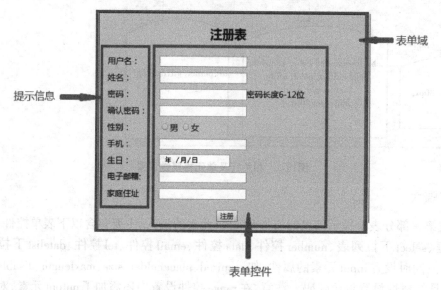

图12-8 表单的组成

表单元素包含了具体的表单功能项,如单行文本输入框、密码输入框、复选框、提交按钮、重置按钮等;表单域相当于一个容器,用来容纳所有的表单元素和提示信息。

1. 表单元素

包含具体的表单功能项,如单行文本输入框、密码输入框、复选框、提交按钮、重置按钮等。

2. 提示信息

表单中通常还需要包含一些说明性文字,提示用户进行填写和操作。

3. 表单域

表单域相当于容器,用来容纳所有的表单元素和提示信息,可以通过它定义处理表单数据所用程序的URL地址,以及数据提交到服务器的方法。

提示:如果不定义表单域,表单中的数据就无法传送到后台服务器。

12.3.2 表单元素及属性

1. 表单的创建

在 HTML 中，<form></form>标记被用于定义表单域，即创建一个表单，以实现用户信息的搜集和传递，<form> </form>标记中的所有内容都会被提交给服务器。创建表单的基本语法格式如下。

```
<form name="formname" action="url" method="post/get"></form>
```

在上面的语法中，<form>与</form>之间的表单控件是由用户自定义的。

2. <form>标记的属性

①action 属性。

action 属性规定当提交表单时向何处发送表单数据，属性值是一个 URL 地址。通常，当用户单击"提交"按钮时，表单数据将发送到服务器上的文件中，这个属性必须要有。

②target 属性。

target 属性规定一个名称或一个关键词，指示在何处打开 action URL，即在何处显示提交表单后接收到的响应。target 属性定义浏览器上下文（比如选项卡、窗口或内联框架）的名称或关键词。其属性取值见表 12-1，其基本语法格式如下。

```
<form target="_blank|_self|_parent|_top|framename">
```

表12-1 target的属性值

属性值	描述
_blank	在新窗口/选项卡中打开
_self	在同一框架中打开（默认）
_parent	在父框架中打开
_top	在整个窗口中打开
framename	在指定的 iframe 中打开

③method 属性。

method 属性指定提交表单数据时要使用的 HTTP 方法。规定如何发送表单数据（form-data，表单数据会被发送到在 action 属性中规定的页面中）。其属性值为 get 或 post，表单数据可被作为 URL 变量的形式来发送（method="get"），或者作为 HTTPpost 事务的形式来发送（method="post"）。

• get：将表单数据以名称/值对的形式转换成字符串附加到 URL 中。首先，这种方式一目了然，但传输的数据量比较少，因为 URL 的长度有限（大约 3 000 字符）；其次，绝不要使用 GET 来发送敏感数据（在 URL 中是可见的）；再次，对于用户希望加入书签的表单提交很有用；最后，更适用于非安全数据，比如在 Google 中查询字符串等。

• post：以 HTTP post 事务的形式发送表单数据（form-data），即将所有请求参数的名和值放在 HTML 的 header 中传输，而不在 URL 中显示提交的表单数据。这种方式提高了数据传送的安全性，同时由于没有大小限制，也可用于发送大量数据。

提示：带有post的表单提交后无法添加书签；如果表单数据包含敏感信息或个人信息，请务必使用post。

④name属性。

name属性规定表单的名称。用于在JavaScript中引用元素，或者在表单提交之后引用表单数据。

⑤autocomplete属性。

autocomplete属性是HTML5中的新属性，规定表单是否应该启用自动完成功能。自动完成允许浏览器预测对字段的输入。当用户在字段开始输入时，浏览器基于之前输入过的值，应该显示出在字段中填写的选项。

提示：autocomplete中on适用于表单，off适用于特定的输入字段，反之亦然。

⑥novalidate属性。

novalidate属性是HTML5中的新属性，是一个布尔属性。novalidate属性规定当提交表单时不对表单数据（输入）进行验证。

⑦enctype属性。

规定在向服务器发送表单数据之前如何对其进行编码。默认表单数据会编码为"application/x-www-form-urlencoded"。就是说，在发送到服务器之前，所有字符都会进行编码（空格转换为"+"符号，特殊符号转换为ASCII HEX值），其属性取值见表12-2。

表12-2　enctype的属性值

属性值	描述
application/x-www-form-urlencoded	在发送前编码所有字符（默认），将空格转换为"+"符号，特殊字符转换为ASCII HEX值
multipart/form-data	被编码为一条二进制消息；不对字符编码；在使用包含文件上传控件的表单时，必须使用该值
text/plain	空格转换为"+"符号，但不对特殊字符编码

⑧accept-charset属性。

accept-charset属性规定服务器可处理的表单数据字符集。默认值是保留字符串"UNKNOWN"（表示编码为包含<form>元素的文档的编码）。

在HTML4.01中，字符编码列表可以用空格或逗号分隔。而在HTML5中，列表必须以空格分隔。其常用值为UTF-8 Unicode字符编码或ISO-8859-1拉丁字母表的字符编码。

理论上讲，可使用任何字符编码，但没有浏览器可以理解所有编码。所以字符编码使用得越广泛，浏览器对它的支持越好。

12.3.3　input元素及其属性

学习表单的核心就是学习表单控件，而<input>标记在表单控件中功能最丰富，种类最多；可以通过设定它的type属性值获得想要的表单控件。<input>标记为单标记，其基本语法格式如下。

```
<input type="控件类型">
```

在上面的语法格式中,type属性为其最基本的属性,取值有多种,用于指定不同的控件类型。除了type属性之外,<input>标记还可以定义很多其他属性。

<input>标记的常用属性表见二维码12-2。

1.<input>标记的type属性

在表中,<input>标记的type属性列出了多个属性值,分别定义不同的控件类型。
①输入类型——text。

```
<input type="text">
```

定义单行输入字段的文本输入类型,用户可在其中输入文本,如用户名、账号等。
②输入类型——password。

```
<input type="password">
```

password输入类型定义密码字段。密码字段中的字符会被遮蔽(显示为星号或实心圆)。
③输入类型——radio。

```
<input type="radio" name="sex" value="male">Male<br>
<input type="radio" name="sex" value="female" checked="checked"> Female<br>
```

radio输入类型定义单选按钮,如上例中选择性别等。需要注意的是,在定义单选按钮时,必须为同一组中的选项设置相同的name值,这样"单选"才会生效。此外,设置input元素为单选按钮,其中value属性中的值用来设置用户选中该项目后提交到数据库中的值;checked属性表示的是初始选项。
④输入类型——checkbox。

```
<input type="checkbox" name="vehicle[]" value="Bike">我有一辆自行车<br>
<input type="checkbox" name="vehicle[]" value="Car">我有一辆小轿车<br>
<input type="checkbox" name="vehicle[]" value="Boat">我有一艘船<br>
```

复选框允许用户在一定数量的选项中选取一个或多个选项,如选择兴趣、爱好等,可对其应用checked属性以指定初始值。
⑤输入类型——button。

```
<input type="button" value="click me" onclick="msg()">
```

定义可点击的按钮,在用户单击按钮时启动一段JavaScript。
⑥输入类型——submit。

```
<form action="form_action.asp" method="get">
Email:<input type="text" name="email"><br>
<input type="submit" value="提交">
</form>
```

submit是提交按钮时表单的核心控件。用户完成信息的输入后,一般都需要单击提交按钮,向服务器发送表单数据。之后,数据会被发送到表单的action属性中规定的页面。可以对它应用value属性,以改变提交按钮上的默认文本。

⑦输入类型——reset。

`<input type="reset" value="提交">`

reset用于定义重置按钮。重置按钮会把所有表单字段重置为初始值。可以对它应用value属性，以改变提交按钮上的默认文本。

提示：请谨慎使用重置按钮，因为对用户来说，如果不慎单击了重置按钮，会很麻烦。

⑧输入类型——image。

`<input type="image" src="submit.gif" alt="Submit">`

将图像定义为提交按钮。功能和普通提交按钮基本相同，只是它用图像代替了默认的按钮，使外观更加美观。需要注意的是，对于`<input type="image">`，src和alt属性是必需的。

⑨输入类型——hidden。

`<input type="hidden" name="country" value="Norway">`

hidden用于定义隐藏字段。隐藏字段对用户是不可见的，通常用于后台程序。隐藏字段常常存储默认值，或者由JavaScript改变它们的值。

⑩输入类型——file。

定义文件选择字段和"选择文件"按钮，供文件上传；当定义文件域时，页面中将出现一个"选择文件"按钮和提示信息文本，用户可以通过单击按钮然后直接选择文件的方式，将文件提交给后台服务器，效果如图12-9所示。

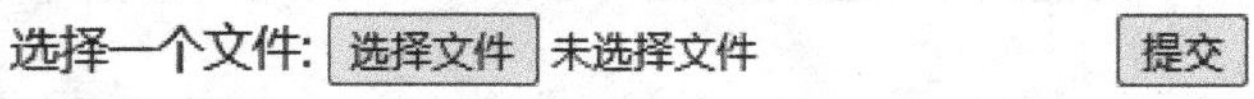

图12-9 文件选择字段的效果

2.`<input>`标记type属性的新增属性值

①输入类型——email。

用于输入邮件地址的文本输入框。当提交表单时，会自动对email字段的值进行验证，如果不符合E-mail地址要求，将提示相应的错误信息。此外，如果指定了multiple属性，用户还可以输入多个E-mail地址，每个E-mail地址之间需要用英文逗号隔开，效果如图12-10所示。

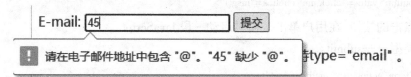

图12-10 email类型文本输入框的效果

②输入类型——url。

用于输入URL地址的文本框，会在提交表单时对url字段的值自动进行验证，如果输入的值不符合URL地址格式，则不允许提交，并且会有提示信息，效果如图12-11所示。

注意：Internet Explorer 9 及更早 IE 版本不支持 type="url"。

图12-11　url类型文本输入框的效果

③输入类型——number。

定义一个只能输入数字的输入框，浏览器也可以为输入框提供上下箭头，使用户可以使用鼠标单击增加或减少箭头找到需要的数值。提交表单时，会自动检查该输入框中的内容是否为数字，效果如图12-12所示。

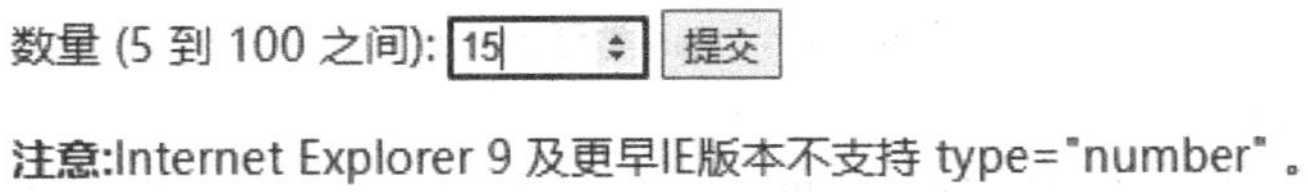

注意：Internet Explorer 9 及更早 IE 版本不支持 type="number"。

图12-12　number类型的效果

number类型的输入框可以对输入的数字进行限制，规定允许输入的最大值和最小值、合法的数字间隔或默认值等。其具体属性见表12-3。

表12-3　number类型的输入框属性

属性	属性值
value	规定默认值
max	规定允许的最大值
min	规定允许的最小值
step	规定合法数字间隔（如果 step="3"，则合法的数字是"-3,0,3,6…"，以此类推）

④输入类型——range。

用于提供一定范围内数值的输入范围。range类型显示为滑块，它的常用属性和number类型一样，通过max属性和min属性来设置最大值和最小值，通过step属性指定每次滑动的步幅。如果想改动range属性的value值，可以通过直接拖动滑块或点击滑动条来改变，效果如图12-13所示。

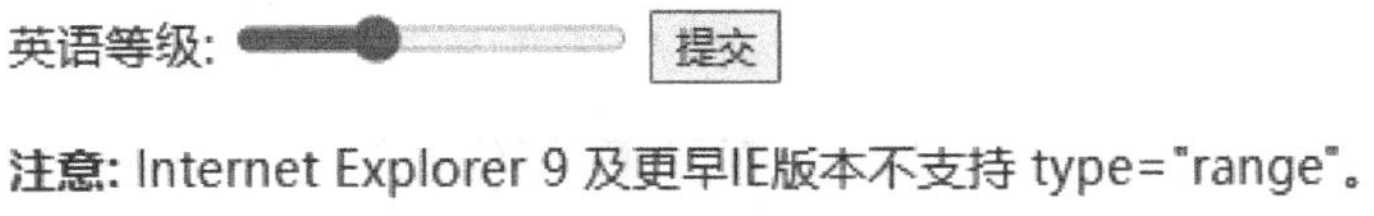

注意：Internet Explorer 9 及更早 IE 版本不支持 type="range"。

图12-13　range类型的效果

⑤输入类型——date。

可以让用户输入一个日期的输入区域，也可以使用日期选择器，它的结果值包括年份、月份和日期，但不包括时间。date类型可以通过min和max属性限制用户的可选日期范围，效果如图12-14所示。

图12-14 date类型的效果

⑥输入类型——month。

用于生成一个月份选择器,它的结果值包括年份和月份,但不包括日期。date类型同样可以通过min和max属性限制用户的可选日期范围,效果如图12-15所示。

图12-15 month类型的效果

⑦输入类型——week。

用于生成一个可以选择第几周的选择器,它的结果通常显示为年份和周别。week类型同样可以通过min和max属性限制用户的可选日期范围,效果如图12-16所示。

图12-16 week类型的效果

⑧输入类型——time。

用于生成一个时间选择器。它的结果通常显示为小时和分钟,效果如图12-17所示。

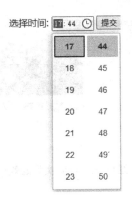

图12-17 time类型的效果

⑨输入类型——datetime。

用于生成一个UTC的日期时间选择器,但这种类型支持性不好,会在网页中显示为一个普通输入框。UTC是Universal Time Coordinated的缩写,称协调世界时,又称世界统一时间、世界标准时间、国际协调时间。简单地说,UTC时间就是0时区的时间。

⑩输入类型——datetime_local。

用于生成一个本地化的日期时间选择器,它的结果值包含年、月、日、小时和分钟。datetime_local类型同样可以通过min和max属性限制用户的可选日期范围,效果如图12-18所示。

图12-18 datetime类型的效果

⑪输入类型——search。

用于输入搜索关键字的文本框,比如站点搜索或Google搜索。search域显示为常规文本域。在用户输入内容后,其右侧会附带一个删除图标,单击这个图标可以快速清除内容,效果如图12-19所示。

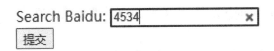

图12-19 search类型的效果

⑫输入类型——color。

用于规定颜色的文本框,用于创建一个允许用户使用的颜色选择器,效果如图12-20所示。

图12-20　color类型的效果

⑬输入类型——tel。

用于定义输入电话号码的文本框。由于电话号码格式千差万别,所以不会对该字段进行过多检查,因此,tel类型通常会和pattern属性配合使用。但是,在移动端上,某些浏览器厂商可能会为提供输入电话号码而选择调用数字键盘,效果如图12-21所示。

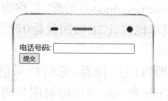

图12-21　tel类型的效果

3.\<input\>标记的其他属性

①name属性。

name属性规定\<input\>标记的名称。它用于在JavaScript中引用元素,或者在表单提交后引用表单数据。其基本语法格式如下。

```
<input name="text">
```

注意:只有设置了name属性的表单元素才能在提交表单时传递它们的值。

②value属性。

value属性规定\<input\>标记的值。其基本语法格式如下。

```
<input value="text">
```

对于不同的input类型,其用法也不同。

- 对于button、reset、submit类型:定义按钮上的文本。
- 对于text、password、hidden类型:定义输入字段的初始(默认)值。
- 对于checkbox、radio、image类型:定义与input元素相关的值,提交表单时该值会发送到表单的action URL。

注意:value属性对于\<input type="checkbox"\>和\<input type="radio"\>是必需的,但value属性不适用于\<input type="file"\>。

③src属性。

src属性规定显示为提交按钮的图像的URL。src属性对于\<input type="image"\>是必需的属性,且只能与\<input type="image"\>配合使用。其基本语法格式如下。

```
<input src="URL">
```

④size 属性。

size 属性规定以字符数计的<input>元素的可见宽度,默认值是 20。size 属性适用于 input 类型中的 text、search、tel、url、email 和 password。其基本语法格式如下。

```
<input size="number">
```

提示:如需规定<input>元素中允许的最大字符数,请使用 maxlength 属性。

⑤readonly 属性。

readonly 属性是一个布尔属性,规定输入字段是只读的。只读字段是不能修改的。不过,用户仍然可以使用 tab 键切换到该字段,还可以选中或拷贝其文本。其基本语法格式如下。

```
<input readonly>
```

readonly 属性可以防止用户对值进行修改,直到满足某些条件为止(比如选中了一个复选框)。然后,需要使用 JavaScript 消除 readonly 值,将输入字段切换到可编辑状态。

⑥checked 属性。

checked 属性是一个布尔属性,它规定在页面加载时应该被预先选定的 input 元素。它主要用于<input type="checkbox">和<inputtype="radio">,也可以在页面加载后,通过 JavaScript 代码进行设置。其基本语法格式如下。

```
<input checked>
```

⑦disabled 属性。

disabled 属性是一个布尔属性,它规定应该禁用的 input 元素,而被禁用的 input 元素是无法使用或被点击的。disabled 属性设置使用户在满足某些条件时(比如选中复选框等)才能使用 input 元素。然后,可使用 JavaScript 来删除 disabled 值,使该 input 元素变为可用状态。其基本语法格式如下。

```
<input disabled>
```

提示:表单中被禁用的 input 元素不会被提交。disabled 属性不适用于<input type="hidden">。

⑧maxlength 属性。

maxlength 属性规定 input 元素中允许的最大字符数。其基本语法格式如下。

```
<input maxlength="number">
```

⑨max 属性和 min 属性。

max 属性规定 input 元素的最大值;min 属性规定 input 元素的最小值。min 属性与 max 属性配合使用,可创建合法值的范围。其基本语法格式如下。

```
<input max="number/date" min="number/date">
```

提示:max 属性和 min 属性适用的 input 类型包括 number、range、date、datetime、datetime-local、month、time 和 week,运行效果如图 12-22 所示。

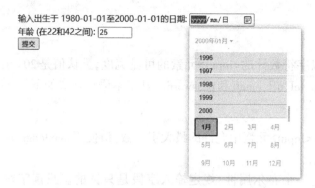

图12-22　max属性和min属性的应用效果

⑩width 属性和 height 属性。

width 属性规定 input 元素的宽度；height 属性规定 input 元素的高度。width 属性和 height 属性只适用于\<input type="image"\>。其基本语法格式如下。

\<input width="像素数" height="像素数"\>

提示：为图片指定 width 属性和 height 属性是一个好习惯。如果设置了这些属性，页面加载时会为图片预留需要的空间。而如果没有这些属性，则浏览器无法了解图像的尺寸，也就无法为其预留合适的空间。当页面和图片在加载时，页面布局会发生变化，如图12-23中按钮的设置效果。

图12-23　width和height属性的应用效果

⑪list 属性。

list 属性引用 datalist 元素，其中包含 input 元素的预定义选项。在此不做详细介绍，后面讲到 datalist 元素时会对此详细讲解。

⑫multiple 属性。

multiple 属性是一个布尔属性，它规定允许用户输入 input 元素的多个值。该属性只用于 input 类型中的 email 和 file。其基本语法格式如下。

\<input multiple\>

例如，给 file 设置 multiple 属性后，效果如图12-24所示。

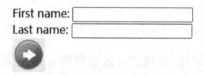

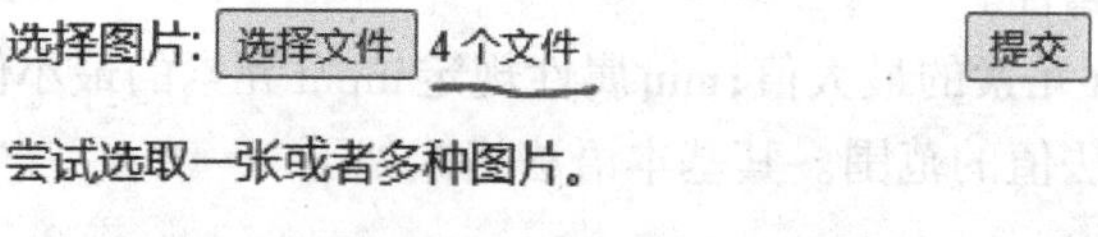

图12-24　multiple 属性的应用效果

⑬pattern 属性。

pattern 属性规定用于验证 input 元素的值的正则表达式（也称规则表达式，通常被用来检索、替换那些符合某个模式的文本），验证用户输入的内容是否与定义的正则表达式相匹配。pattern 属性适用的 input 类型包括 text、search、url、tel、email 和 password，其基本语法格式如下。

```
<input pattern="regexp">
```

例如,给地区代码设置pattern属性后,效果如图12-25所示。

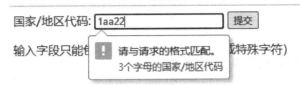

图12-25 pattern属性的应用效果

常用的正则表达式见表12-4。

表12-4 常用正则表达式

正则表达式	说明
^[0-9]*$	数字
^\d{n}$	n位的数字
^\d{n,}$	至少n位的数字
^\d{m,n}$	m-n位的数字
^(0|[1-9][0-9]*)$	零和非零开头的数字
^([1-9][0-9]*)+(.[0-9]{1,2})?$	非零开头的最多带两位小数的数字
^(\-|\+)?\d+(\.\d+)?$	正数、负数、和小数
^\d+$ 或 ^[1-9]\d*|0$	非负整数
^-[1-9]\d*|0$ 或 ^((-\d+)|(0+))$	非正整数
^[\u4e00-\u9fa5]{0,}$	汉字
^[A-Za-z0-9]+$ 或 ^[A-Za-z0-9]{4,40}$	英文和数字
^[A-Za-z]+$	由26个英文字母组成的字符串
^[A-Za-z0-9]+$	由数字和26个英文字母组成的字符串
^\w+$ 或 ^\w{3,20}$	由数字、26个英文字母或者下划线组成的字符串
^[\u4E00-\u9FA5A-Za-z0-9_]+$	中文、英文、数字,包括下划线
^\w+([-+.]\w+)*@\w+([-.]\w+)*\.\w+([-.]\w+)*$	E-mai地址
[a-zA-z]+://[^\s]* 或 ^http://([\w-]+\.)+[\w-]+(/[\w-./?%&=]*)?$	URL地址
^\d{15}|\d{18}$	身份证号(15位、18位数字)
^([0-9]){7,18}(x|X)?$ 或 ^\d{8,18}|[0-9x]{8,18}|[0-9X]{8,18}?$	以数字、字母X结尾的短身份证号码
^[a-zA-Z][a-zA-Z0-9_]{4,15}$	账号是否合法(字母开头,允许5~16字节,允许字母数字下划线)
^[a-zA-Z]\w{5,17}$	密码(以字母开头,长度在6~18字节,只能包含字母、数字和下划线)

⑭placeholder属性。

placeholder属性规定可描述输入字段预期值的简短的提示信息(比如1个样本值或者预期格式的短描述)。该提示会在用户输入值之前显示在输入字段中,而当输入框获取焦点时则会消失。placeholder属性适用的input类型包括text、search、url、tel、email和password。其基本语法格式如下。

```
<input placeholder="text">
```

设置placeholder属性后,效果如图12-26所示。

图12-26　placeholder属性的效果

- require属性

required属性是一个布尔属性,规定必须在提交表单之前填写输入字段,它会自动判断用户是否在输入框中输入了内容。required属性适用的input类型包括text、search、url、tel、email、password、date pickers、number、checkbox、radio和file。其基本语法格式如下。

```
<input required>
```

设置require属性后,效果如图12-27所示。

图12-27　require属性的应用效果

⑮step属性。

step属性规定input元素的合法数字间隔,如果step="3",则合法数字应该是-3、0、3、6,以此类推。step属性适用的input类型包括number、range、date、datetime、datetime-local、month、time和week。其基本语法格式如下。

```
<input step="number">
```

提示:step属性可以与max属性和min属性配合使用,以创建合法值的范围。

例如,设置step="5",购买数量只能是5的倍数,效果如图12-28所示。

图12-28　step属性设置后的效果

⑯autocomplete属性。

autocomplete属性规定输入字段是否应该启用自动完成功能,自动完成允许浏览器预测对字段的输入。当用户在字段开始输入时,浏览器基于之前输入过的值,应该显示出在字段中填写的选项。它的属性值包括on和off,on是默认值,规定启用自动完成功能;off规定禁用自动完成功能。autocomplete属性适用的<input>类型包括text、search、url、tel、email、password、datepickers、range和color。其基本语法格式如下。

```
<input autocomplete="on/off">
```

运行效果如图12-29所示,其保存了之前输入的字段。

图12-29   autocomplete属性设置的效果

⑰autofocus属性。

autofocus属性是一个布尔属性,它规定当页面加载时,input元素应该自动获得焦点。其基本语法格式如下。

```
<input autofocus>
```

如图12-30所示,当密码框设置autofocus,则自动获取焦点。

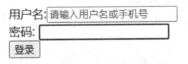

图12-30   autofocus属性设置的效果

⑱form属性。

form属性规定input元素所属的一个或多个表单。如果一个form属性要引用两个或两个以上表单,则需使用空格将表单的id分隔开。

12.3.4 <textarea>标记

<textarea>标记定义一个多行的文本输入控件。文本区域中可容纳无限数量的文本,其中文本的默认字体是等宽字体(通常是Courier)。其基本语法格式如下。

```
<textarea cols="每行中的字符数" rows="显示的行数">
    文本内容
</textarea>
```

<textarea>标记包含有多个常见属性,见表12-5。

表12-5 <textarea>标记的常见属性

属性	属性值	描述
name	text	规定文本区域的名称
cols	number	规定文本区域内可见的列数
rows	number	规定文本区域内可见的行数
maxlength（HTML5新增）	number	规定文本区域允许的最大字符数
wrap（HTML5新增）	Hard/soft	规定当提交表单时，文本区域中的文本应该怎样换行

提示：
- 通过 cols 和 rows 属性来规定 textarea 的尺寸，不过更好的办法是使用 CSS 的 height 属性和 width 属性。
- 可以通过<textarea>标记的 mexlength 属性规定文本区域的最大字符数。
- 通过 wrap 属性设置文本输入区内的换行模式，包含属性值 soft 和 hard。其中，soft 在表单提交时表示 textarea 中的文本不换行，是默认值；hard 在表单提交时表示 textarea 中的文本换行（包含换行符）。当使用 hard 属性值时，必须指定 cols 属性。

12.3.5 <label>标记

在 HTML 中，<label>标记通常和<input>标记一起使用，<label>标记为<label>标记定义标注（标记）。

标记的作用是为鼠标用户改进可用性，当用户单击<label>标记中的文本时，浏览器就会自动将焦点转到和该标记相关联的控件上。

标记在单选按钮和复选按钮上经常使用，使用该标记后，用户点击单选按钮或复选按钮时，按钮后的文本也是可以选中的。标记和表单控件关联的方法有以下2种：

① 使用<label>标记的 for 属性，指定为关联表单控件的 id。
② 将说明和表单控件一起放入<label>标记内部。

其中，for 属性是 HTML5 的新属性，应当与相关元素的 id 属性相同，即把 label 绑定到另外一个元素上，如图 12-31 所示，单击文本也可以选中单选框。

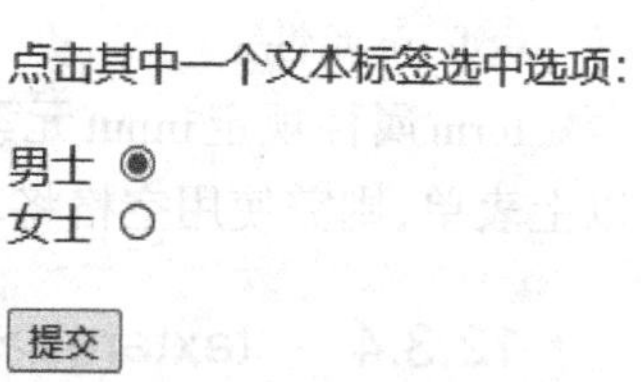

12.3.6 <select> 标记

<select> 标记用来创建下拉列表，可创建单选或多选菜单。当提交表单时，浏览器会提交选定的项目或者搜集用逗号分隔的多个选项，将它们合成一个单独的参数列表，并且在将<select>表单数据提交给服务器时包括 name 属性。其基本语法格式如下：

图12-31 for属性的应用效果

```
<select>
<option value="值">选项内容</option>
<option value="值">选项内容</option>
……
</select>
```

<select>标记中的<option>标记定义了列表中的可用选项。<option>标记中的内容作为 <select> 或者<datalist> 的一个元素使用。

注意：<option>标记可以在不带有任何属性的情况下使用，但是通常需要使用value属性，此属性会指示出被送往服务器的内容。

<select></select> 标记对用于在表单中添加一个下拉菜单，<option></option>标记对则可嵌套在<select></select>标记中，用于定义下拉菜单中的具体选项。每对<select></select>中至少应包含一对<option></option>。如图 12-32 所示为 select 设置的下拉菜单效果。

图12-32　select设置的下拉菜单效果

在HTML中，可以为<select>和<option>标记定义属性，以改变下拉菜单的外观显示效果，具体见表12-6。

表12-6　<select>和<option>标记常用属性

标记	常用属性	描述
<select>	size	指定下拉菜单的可见选项数（取值为正整数）
	multiple	定义 multiple="multiple"时，下拉菜单将具有多项选择的功能，方法为按住Ctrl键的同时选择多项
<option>	value	用来定义在提交下拉列表时发送给服务器的值；value 值并不会显示在页面上
	selected	定义 selected ="selected "时，前项即为默认选中项

在实际网页制作的过程中，有时候需要对下拉菜单中的选项进行分组，这样当存在很多选项时，就能更加容易地找到相应选项。分组需要使用<optgroup>标记对相关选项进行组合。

<optgroup>标记用于对<select>标记所提供的选项进行分组。当使用一个较长的选项列表时，对相关选项进行组合会使处理更加容易。其中label属性为选项组规定描述标记。

如图 12-33 所示为选项分组后的下拉菜单中选项的展示效果。

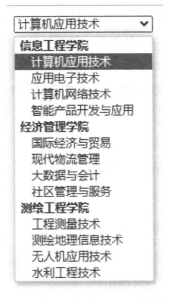

图12-33　<optgroup>标记的效果

12.3.7 <datalist>标记

<datalist>标记用于定义一个选项列表。<datalist>标记自身不会显示在页面上,而是为其他元素的list属性提供数据。当用户在文本框中输入信息时,会根据输入的字符自动显示下拉列表提示,供用户从中选择。<datalist>标记需要与<input>标记配合使用,用来表示可选列表。

list属性为文本框指定一个可用的选项列表,当用户在文本框中输入信息时,其会根据输入的字符自动显示下拉列表提示,供用户选择。大多数输入类型都支持list属性。

如图12-34所示为datalist设置的下拉菜单效果。

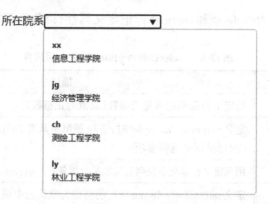

图12-34 datalist设置的下拉菜单效果

引用datalist元素,其中包含了input元素的预定义选项。

提示:原则上<datalist>标记可以放在页面上的任何地方,但建议将其和<input>标记放在一起。

12.3.8 <output>标记

output元素用于表示计算或用户操作的结果。<output>标记是HTML5新增的标记。output标记通常和form表单一起使用,用来输出显示计算结果。其基本语法格式如下。

```
<output name="名称" for="element_id">默认内容</output>
```

注意:output标记中的内容为默认显示内容,它会随着相关元素的改变而变化。

<output>标记属性如下。

1.for

定义输出域相关的一个或多个元素,以空格隔开。

2.form

定义输入字段所属的一个或多个表单,以空格隔开。

3.name

定义对象的唯一名称(表单提交时使用)。

在下面这段代码中,设置音量默认值为30,拖动滑块时,右侧音量显示数字会发生变化,运行效果如图12-35所示。

```html
<!DOCTYPE html>
<html>
<head>
<meta charset="utf-8">
<title>output 元素</title>
</head>
<body>
    <form action="" method="" oninput="x.value=parseInt(num.value)">
        <span>音量</span><input type="range" id="num" value="30" />
        <output name="x" for="num">30</output>
    </form>
</body>
</html>
```

图12-35 <output>标记的应用效果

项目 13
某教务网络管理系统页面的制作

13.1 学习目标

①认识框架和框架集。
②设置框架和框架集的属性
③掌握内嵌框架元素。
④掌握内嵌框架的属性。
⑤使用框架布局网页。
框架布局知识导图如图13-1所示。

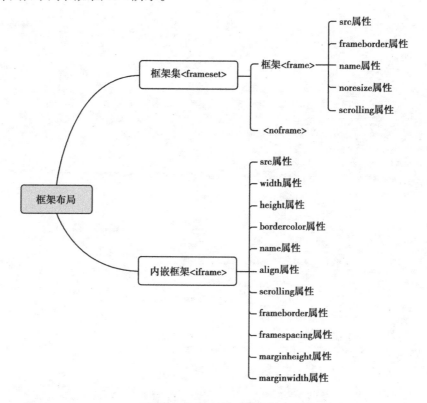

图13-1 框架布局知识导图

13.2 实训任务一

13.2.1 实训内容

使用框架和框架集制作某教务网络管理系统页面，主页面为框架集，其中包含四个框架，分别为头部框架、左侧框架、右侧框架和页脚框架，每个框架中都含有一个独立的页面。页面关系如图13-2所示，页面效果如图13-3所示。

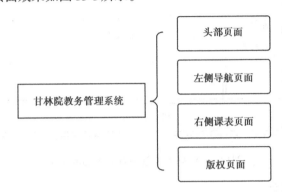

图13-2 页面关系

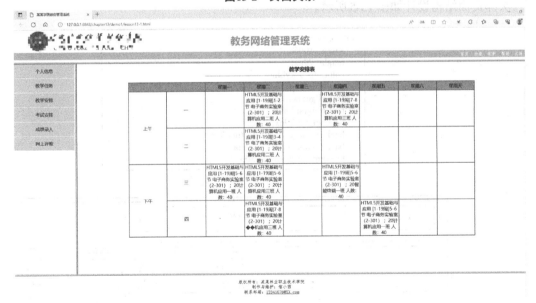

图13-3 页面效果

13.2.2 设计思路

可以通过框架集和框架来实现页面布局，因此教务网络管理系统页面的四个部分实际就是四个框架，每个框架都是一个独立的页面。也就是说，一共有五个网页文件。

1. 教务网络管理系统页面结构

教务网络管理系统页面一共分为四个部分，包括头部框架、左侧导航框架、右侧课表框架和版权页脚框架，页面设计如图13-4所示。

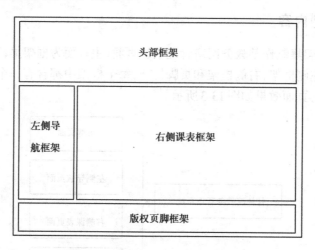

图13-4　教务网络管理系统页面的结构

2. 头部页面详细设计

头部页面结构设计如图13-5所示。

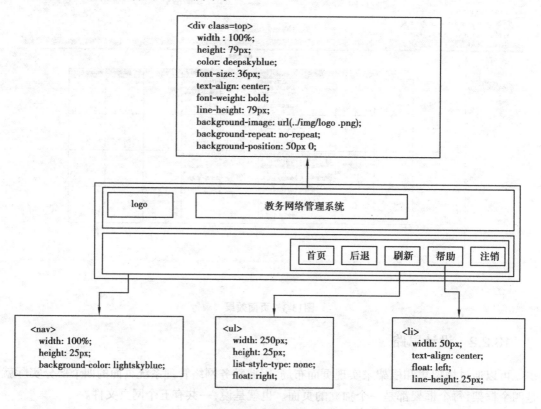

图13-5　头部页面结构

3. 左侧导航页面详细结构

左侧导航页面设计如图13-6所示。

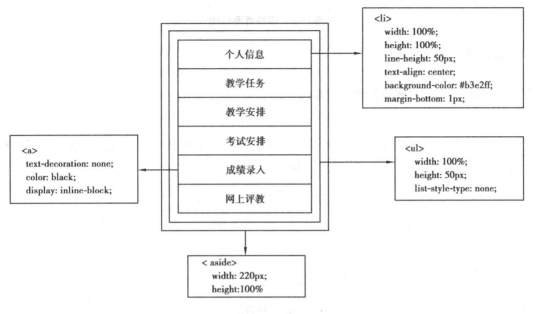

图13-6 左侧导航页面结构

4. 右侧课表页面详细结构

右侧课表页面详细结构设计如图13-7所示。

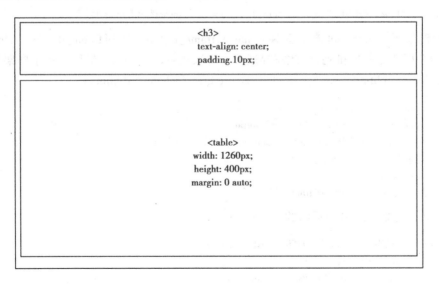

图13-7 右侧课表页面结构

5. 版权页面详细结构

版权页面详细结构设计如图13-8所示。

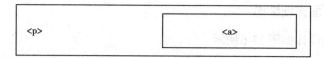

图13-8 版权页面结构

13.2.3 实施步骤

1.步骤一:创建某教务网络管理系统页面

①新建项目chapter13。

②在项目chapter13内创建目录demo1,在文件夹demo1中新建某教务网络管理系统页面,将它命名为"lesson13-1.html",如图13-9所示。

图13-9 项目结构

③在 lesson13-1.html 中删除 body 元素,并插入 frameset 元素,设置其 rows 属性、frameborder属性和name属性。其中,rows属性设置的是框架集myframeset包含的三个行排列的框架。

```
<frameset rows="12%,78%,10%" frameborder="1" name="myframeset"></frameset>
```

④为框架集myframeset添加框架frame_a、frame_b、frame_c和frame_d。其中,frame_b和frame_c两个框架是并排排列,因此需要嵌套子框架集subframeset。最后给每个框架分别添加初始页面demo1_a.html、demo1_b.html、demo1_c.html和demo1_d.html即可。

```
<frame src="demo1_a.html" name="frame_a">
    <frameset cols="12%,88%" name="subframeset">
        <frame src="demo1_b.html" name="frame_b" scrolling="no">
        <frame src="demo1_c.html" name="frame_c">
    </frameset>
<frame src="demo1_d.html" name="frame_d">
```

⑤某教务网络管理系统页面的完整代码如下。

```
<!DOCTYPE html PUBLIC "-//W3C//DTD HTML 4.01//EN"
"http://www.w3.org/TR/html4/strict.dtd">
<html xmlns="http://www.w3.org/1999/xhtml" lang="en">
    <head>
        <meta http-equiv="Content-Type" content="text/html; charset=UTF-8" />
        <title>某某学院教务网络管理系统</title>
    </head>
    <frameset rows="12%,78%,10%" frameborder="1"  name="myframeset">
        <frame src="demo1_a.html" name="frame_a">
```

```
        <frameset cols="12%,88%" name="subframeset">
            <frame src="demo1_b.html" name="frame_b" scrolling="no">
            <frame src="demo1_c.html" name="frame_c">
        </frameset>
        <frame src="demo1_d.html" name="frame_d" >
    </frameset>
</html>
```

2. 步骤二:创建头部页面

①在文件夹demo1中新建头部页面,将它命名为"demo1_a.html"。在其中添加div id="top"元素和nav元素。

```
<body>
    <div id="top"></div>
    <nav></nav>
</body>
```

②给div id="top"元素添加p元素,并添加文本"教务网络管理系统"。

```
<div id="top">
<p>教务网络管理系统</p>
</div>
```

③给nav元素添加列表ul,并给每个列表项添加相应的文本链接。

```
<nav>
    <ul>
        <li><a href="#">首页</a></li>
        <li><a href="#">后退</a></li>
        <li><a href="#">刷新</a></li>
        <li><a href="#">帮助</a></li>
        <li><a href="#">注销</a></li>
    </ul>
</nav>
```

④通过head元素中的style元素为页面设置内部样式。

```
<style type="text/css">
    *{
        margin: 0;
        padding: 0;
    }/* 设置页面中所有元素内外边距为0 */
    ......
</style>
```

⑤头部页面完整代码见二维码13-1,效果如图13-10所示。

教务网络管理系统

图13-10 头部页面

3. 步骤三:创建左侧导航链接页面

①在文件夹demo1中新建头部页面,将它命名为"demo1_b.html",并在其中添加aside元素。

②给aside元素添加导航链接。

13-1

```
<li><a href="#">个人信息</a></li>
<li><a href="#">教学任务</a></li>
<li><a href="#">教学安排</a></li>
<li><a href="#">考试安排</a></li>
<li><a href="#">成绩录入</a></li>
<li><a href="#">网上评教</a></li>
```

③设置导航链接的样式。

a. 通过CSS内部样式表先设置页面所有元素内外边距。

b. 给定aside元素的宽度。

c. 重置链接样式。

d. 使用后代选择器,清除li元素默认样式。

e. 使用后代选择器,设置导航链接每个导航项的样式。

f. 使用伪类选择器,设置鼠标经过链接时的样式。

13-2

④左侧导航页面完整代码见二维码13-2,效果如图13-11所示。

图13-11 左侧导航页面效果

4. 步骤四:创建右侧课表页面

①在文件夹demo1中新建头部页面,将它命名为"demo1_c.html",并为页面添加标题"教学安排表"。

```
<h3>教学安排表</h3>
```

②给页面添加水平线标记<hr>。

③给页面添加一张5×9的表格,然后合并部分单元格,并给对应的单元格添加文字,如图13-12所示。

项目13　某教务网络管理系统页面的制作

		星期一	星期二	星期三	星期四	星期五	星期六	星期天
上午	一		HTML5开发基础与应用[1-19周]1-2节 电子商务实验室(2-301)；20计算机应用二班 人数: 40		HTML5开发基础与应用[1-19周]7-8节 电子商务实验室(2-301)；20计算机应用三班 人数: 40			
	二		HTML5开发基础与应用[1-19周]3-4节 电子商务实验室(2-301)；20计算机应用二班 人数: 40					
下午	三	HTML5开发基础与应用[1-19周]5-6节 电子商务实验室(2-301)；20计算机应用一班 人数: 40	HTML5开发基础与应用[1-19周]5-6节 电子商务实验室(2-301)；20计算机应用三班 人数: 40		HTML5开发基础与应用[1-19周]5-6节 电子商务实验室(2-301)；20智能终端一班 人数: 40			
	四		HTML5开发基础与应用[1-19周]7-8节 电子商务实验室(2-301)；20计算机应用三班 人数: 40			HTML5开发基础与应用[1-19周]5-6节 电子商务实验室(2-301)；20计算机应用一班 人数: 40		

图13-12　添加内容后的表格

④使用CSS内部样式表为页面添加样式。

a.清除页面元素的内外边距。

b.设置标题水平居中对齐,并设置内边距。

c.设置水平线宽度,并设置水平线居中。注意,水平线不是文本,不能使用text-aglin,需要将它看作一个盒子,设置盒子的水平居中一般使用margin,并设置左右为auto。

d.设置表格大小和对齐方式。

e.设置标题单元格的背景颜色和高度。

f.设置单元格对齐方式和宽度。

13-3

⑤右侧课表页面完整代码见二维码13-3,效果如图13-13所示。

教学安排表

		星期一	星期二	星期三	星期四	星期五	星期六	星期天
上午	一		HTML5开发基础与应用 [1-19周]1-2节 电子商务实验室(2-301)；20计算机应用二班 人数: 40		HTML5开发基础与应用 [1-19周]7-8节 电子商务实验室(2-301)；20计算机应用三班 人数: 40			
	二		HTML5开发基础与应用 [1-19周]3-4节 电子商务实验室(2-301)；20计算机应用二班 人数: 40					
下午	三	HTML5开发基础与应用[1-19周]5-6节 电子商务实验室(2-301)；20计算机应用一班 人数: 40	HTML5开发基础与应用 [1-19周]5-6节 电子商务实验室(2-301)；20计算机应用三班 人数: 40		HTML5开发基础与应用 [1-19周]5-6节 电子商务实验室(2-301)；20智能终端一班 人数: 40			
	四		HTML5开发基础与应用 [1-19周]7-8节 电子商务实验室(2-301)；20计算机应用三班 人数: 40			HTML5开发基础与应用 [1-19周]5-6节 电子商务实验室(2-301)；20计算机应用一班 人数: 40		

图13-13　右侧课表最终效果

5.步骤五：创建版权页面

①在文件夹demo1中新建头部页面，将它命名为"demo1_d.html"，并输入相关内容。

```
<p>版权所有:某某林业职业技术学院<br>
       制作与维护:信小西<br>
       联系邮箱:12345678@xx.com
</p>
```

②给邮箱信息设置邮件链接。

```
<a href="mailto:12345678@xx.com">12345678@xx.com</a>
```

③使用CSS内部样式表，为版权信息文字添加样式。

④版权页面完整代码见二维码13-4，效果如图13-14所示。

图13-14 版权页面的最终效果

13.2.4 储备知识点

框架是一种在浏览器窗口中显示多个HTML文件的网页制作技术。通过框架，把一个浏览器窗口划分为若干个小窗口，每个小窗口都可以显示独立的页面内容。使用框架集可以非常方便地完成页面导航。

1.认识框架与框架集(选学)

框架页面布局由框架集和框架两部分组成。框架是由英文frame翻译过来的，它代表浏览器文档窗口中的一个子窗口。每个框架都可以显示一个HTML文件，多个框架组成了一个框架集(frameset)。

一个网站一般由多个网页组成，如果网站中的所有网页是相同的布局，并且在部分相同位置有相同的网页元素，通过导航条的链接只更改网页中主要区域中的内容，那么这种网页布局就可以使用框架，如论坛页面、网站中的邮箱操作页面和信息管理系统页面等，如图13-15所示。

框架与框架集之间的关系如图13-16所示。图中的框架集包含了四个框架。实际上，该页面包含了五个独立的文件：一个框架集和四个框架。

项目13　某教务网络管理系统页面的制作

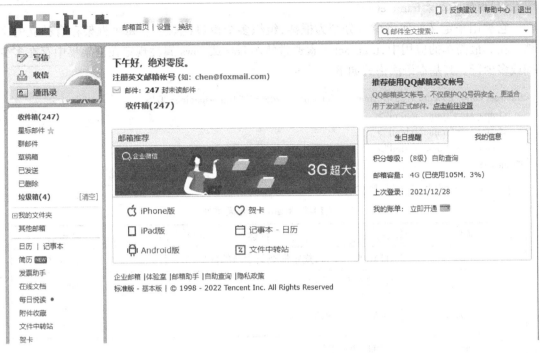

图13-15　邮箱网页

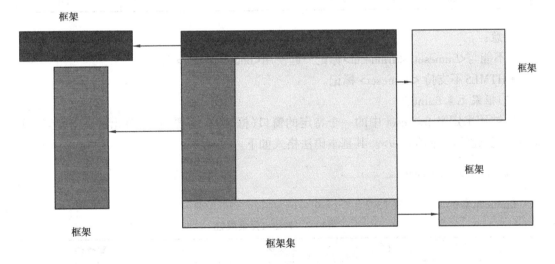

图13-16　框架和框架集的关系

2. 框架集和框架元素（选学）

框架集布局用到了HTML框架集元素。需要注意的是，框架集布局和普通布局的最大不同就是，框架集布局可以在同一个浏览器窗口显示一个以上的页面。框架集布局在写法上，首先是DTD不同，必须使用框架集模式。在HTML4.01中，DTD的基本语法格式如下。

<!DOCTYPE HTML PUBLIC "-//W3C//DTD HTML4.01 Frameset//EN" "http://www.w3.org/TR/html4/frameset.dtd">

其标记主要有以下几个。

(1)框架集元素 frameset

它被用来定义如何将窗口分割为框架,组织多个窗口(框架)。每个框架存有独立的文档。在其最简单的应用中,frameset元素通常使用cols或rows属性规定在框架集中存在多少列或多少行。其基本语法格式如下。

```
<frameset cols="25%,50%,25%" frameborder="no" border="0" framespacing="0">
    <frame src="frame_a.html">
    <frame src="frame_b.html">
    <frame src="frame_c.html">
</frameset>
```

frameset元素的属性见表13-1。

表13-1　frameset元素属性

属性	描述	属性值
cols	HTML5 不支持;规定框架集中列的数目和尺寸	Pixels,%
rows	HTML5 不支持;规定框架集中行的数目和尺寸	Pixels,%
frameborder	是否显示框架边框线	0 1
border	边框线的粗细	pixels
bordercolor	边框线的颜色。	color

注意:

- 不能与<frameset></frameset>标记一起使用<body></body> 标记。
- HTML5不支持 <frameset> 标记。

(2)框架元素 frame

它被用来定义 frameset 中的一个特定的窗口(框架)。需要注意,该元素是空元素,没有结束标记,建议写为<frame/>。其基本语法格式如下。

```
<frame src="frame_a.html"/>
```

frame元素的属性见表13-2。

表13-2　Frame元素属性

属性	描述	属性值
src	规定在框架中显示的文档的 URL	URL
frameborder	规定是否显示框架周围的边框	0/1
scrolling	规定是否在框架中显示滚动条	Yes/no/auto
name	属性规定框架的名称	name
noresize	规定用户无法调整框架的大小	noresize
marginheight	定义框架的上方和下方的边距	pixels
marginwidth	定义框架的左侧和右侧的边距	pixels

注意:HTML5不支持<frame>标记。

（3）noframe 元素

它被用于定义不支持框架集的浏览器显示文本。noframe 元素位于 frameset 元素内部，其基本语法格式如下。

```
<frameset>
    <noframes>
        <body>该内容不支持框架集</body>
    </noframes>
</frameset>
```

注意：
- 如果我们需要为不支持框架的浏览器添加一个<noframes>标记，请务必将<noframes>标记放置在<body></body>标记中。
- HTML5 不支持<noframes>标记。

13.3 实训任务二

13.3.1 实训内容

使用内嵌框架制作某教务网络管理系统页面。主页面包含三个部分，分别为页首、主体和页脚。其中，主体分为两个区域——左侧导航区域、右侧页面主要内容区域。并且右侧页面主要内容区域是一个内嵌框架，需要通过单击左侧导航链接来显示不同的区域内容。页面关系如图 13-17 所示，页面效果如图 13-18 所示。

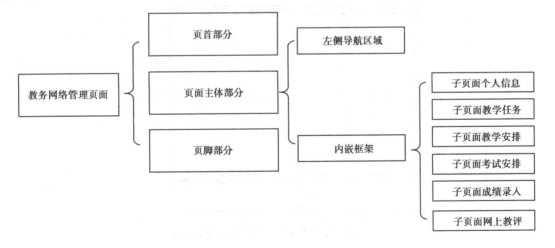

图13-17　页面关系

13.3.2 设计思路

在此，通过 HTML5 的新结构元素来布局页面。通过分析，该页面主要分为三个部分，其中主体部分分为两个区域，并且有一个区域为内嵌框架；内嵌框架部分主要用于子页面的展示，在左侧导航链接中一共有六个链接，即需要六个子页面，在实际制作中完成两个子页面的制作即可。也就是说，一共有三个网页文件。

图13-18　页面效果

1. 某教务网络管理系统页面结构

某教务网络管理系统页面一共分为三个部分,包括页首部分、页面主体部分和页脚部分,其中页面主体部分又分为两个区域,即左侧导航区域、右侧内嵌框架区域,页面设计如图13-19所示。

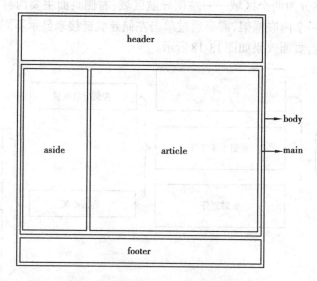

图13-19　某教务网络管理系统页面设计图

2. 页首部分页面详细设计

页首部分的结构设计如图13-20所示。

3. 主体部分详细设计

(1) 左侧导航区域详细结构

左侧导航区域详细结构设计如图13-21所示。

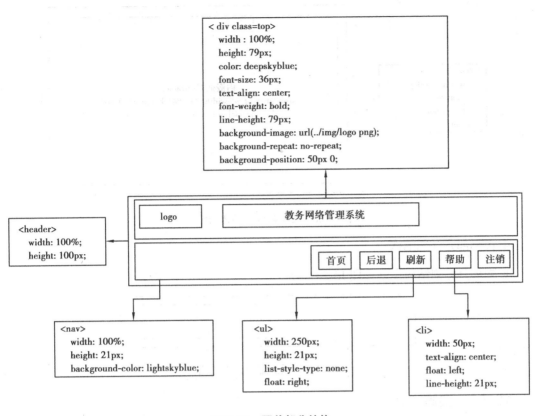

图13-20 页首部分结构

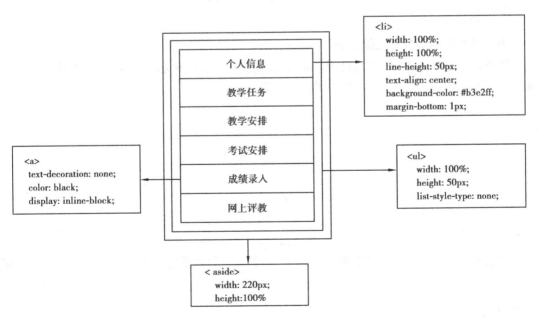

图13-21 左侧导航区域详细结构

(2)右侧内嵌框架详细结构

右侧内嵌框架详细结构设计如图13-22所示。

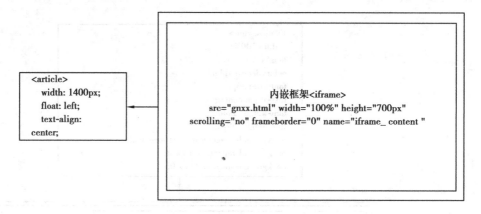

图13-22 右侧内嵌框架详细结构

4.页脚部分详细结构

页脚部分详细结构设计如图13-23所示。

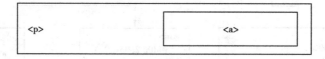

图13-23 页脚部分详细结构

13.3.3 实施步骤

1.步骤一

创建某教务网络管理系统页面。

①在项目chapter13内创建目录demo2,在文件夹demo2中新建某教务网络管理系统页面,将它命名为"lesson13-2.html",如图13-24所示。

图13-24 项目结构

②在lesson13-2.html中设置网页标题为"教务网络管理系统",在<body>中插入结构布局元素。

```
<body>
    <header></header>
    <main></main>
    <footer></footer>
</body>
```

③在main元素中插入aside元素和article元素。

```
<main>
    <aside></aside>
    <article></article>
</main>
```

2.步骤二

在header元素中添加页首相关元素及内容。

①添加div id="top"元素和nav元素。

```
<body>
    <div id="top"></div>
    <nav></nav>
</body>
```

②给div id="top"元素添加p元素，添加文本"教务网络管理系统"。

```
<div id="top">
<p>教务网络管理系统</p>
</div>
```

③给nav元素添加列表ul，并给每个列表项添加相应的文本链接，运行效果如图13-25所示。

```
<nav>
    <ul>
        <li><a href="#">首页</a></li>
        <li><a href="#">后退</a></li>
        <li><a href="#">刷新</a></li>
        <li><a href="#">帮助</a></li>
        <li><a href="#">注销</a></li>
    </ul>
</nav>
```

图13-25　列表项效果

3.步骤三

在main元素中添加左侧导航区域。

①添加aside元素。

②给aside元素添加导航链接，代码如下，运行效果如图13-26所示。

```
<li><a href="grxx.html">个人信息</a></li>
<li><a href="#">教学任务</a></li>
<li><a href="jxap.html">教学安排</a></li>
<li><a href="#">考试安排</a></li>
<li><a href="#">成绩录入</a></li>
<li><a href="#">网上评教</a></li>
```

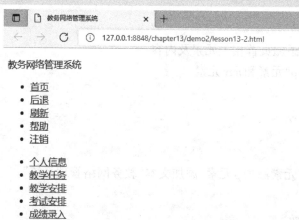

图13-26　aside中的导航设置

4. 步骤四

在main元素中添加右侧内嵌框架的相关元素及内容，并对内嵌框架属性进行设置。设置内嵌框架默认初始打开的子页面为"grxx.html"，<name>名为iframe_content，代码如下，运行效果如图13-27所示。

```
<main>
    <article>
        <iframe src="grxx.html" width="100%" height="700px" scrolling="no" frameborder="0" name="iframe_content"></iframe>
    </article>
</main>
```

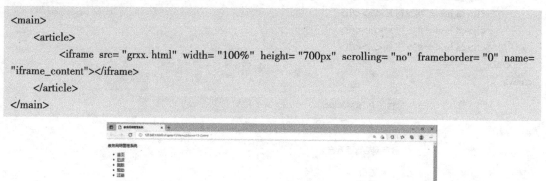

图13-27　内嵌框架子页面

5. 步骤五

在 footer 元素中添加页脚相关元素及内容，并对邮箱号设置邮件链接，代码如下，运行效果如图 13-28 所示。

```
<p>版权所有:某某林业职业技术学院<br>
    制作与维护:信小西<br>
    联系邮箱:<a href="mailto:12345678@xx.com">12345678@xx.com</a>
    <!-- 设置邮件链接 -->
</p>
```

图13-28　页脚初步效果

6. 步骤六

将内嵌框架 iframe_content 和左侧的导航链接关联起来。方法是在链接中添加 target 属性，将属性值设置为内嵌框架名 "iframe_content"。

```
<ul>
    <li><a href="grxx.html" target="iframe_content">个人信息</a></li>
    <li><a href="#">教学任务</a></li>
    <li><a href="jxap.html" target="iframe_content">教学安排</a></li>
    <li><a href="#">考试安排</a></li>
    <li><a href="#">成绩录入</a></li>
    <li><a href="#">网上评教</a></li>
</ul>
```

7. 步骤七

给教务网络管理系统页面设置 CSS 样式。设置 CSS 样式后的页面效果如图 13-29 所示，完整代码见二维码 13-5。

13-5

图13-29　CSS设置后的效果

8.步骤八

子页面"grxx.html"的制作。

①在项目chapter13内目录demo2中新建页面，将它命名为"grxx.html"，并添加标题"个人基本信息"。

```
<h3>个人基本信息</h3>
```

②给页面添加水平线标记<hr>。

③给页面添加一张7×4的表格，然后使用colspan="4"属性分别合并第一行和最后一行，并给对应的单元格添加文字，如图13-30所示。

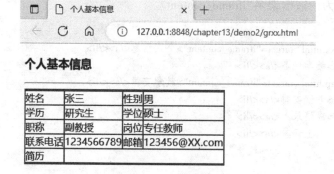

图13-30　子页面表格

④使用CSS内部样式表为页面添加样式。

a.清除页面元素的内外边距。

b.设置标题水平居中对齐，并设置内边距。

c.设置水平线宽度，并设置水平线居中。注意，水平线不是文本，不能使用text-aglin，需要将其看作一个盒子，设置盒子水平居中一般使用margin，设置左右为auto。

d. 设置表格大小和对齐方式。

e. 使用伪类选择器设置第一行和最后一行的背景颜色及高度。

f. 设置单元格宽度和对齐方式。

g. 使用伪类选择器设置第一列和第三列文本加粗。

13-6

⑤教学安排表页面完整代码见二维码13-6。

⑥点击教学网络管理系统页面相应的链接时,页面效果如图13-31所示。

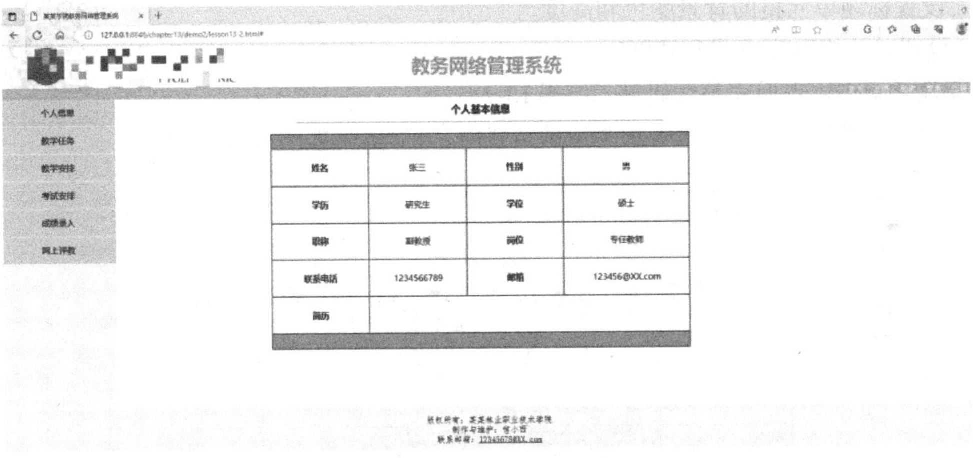

图13-31 嵌入子页面效果

9. 步骤九

子页面"grxx.html"的制作。

①在项目chapter13内目录demo2中新建页面,将它命名为"jxap.html",并在页面中添加标题"教学安排表"。

`<h3>教学安排表</h3>`

②给页面添加水平线`<hr>`。

③给页面添加一张5×9的表格,然后合并部分单元格,并给对应的单元格添加文字,如图13-32所示。

	星期一	星期二	星期三	星期四	星期五	星期六	星期天
上午		HTML5开发基础与应用 [1-19周]1-2节 电子商务实验室(2-301);20计算机应用二班 人数: 40		HTML5开发基础与应用 [1-19周]7-8节 电子商务实验室(2-301);20计算机应用三班 人数: 40			
		HTML5开发基础与应用 [1-19周]3-4节 电子商务实验室(2-301);20计算机应用二班 人数: 40					
下午	HTML5开发基础与应用 [1-19周]5-6节 电子商务实验室(2-301);20计算机应用一班 人数: 40	HTML5开发基础与应用 [1-19周]5-6节 电子商务实验室(2-301);20计算机应用三班 人数: 40		HTML5开发基础与应用 [1-19周]5-6节 电子商务实验室(2-301);20智能终端一班 人数: 40			
四		HTML5开发基础与应用 [1-19周]7-8节 电子商务实验室(2-301);20计算机应用三班 人数: 40			HTML5开发基础与应用 [1-19周]5-6节 电子商务实验室(2-301);20计算机应用一班 人数: 40		

图13-32 课表文字填入后效果

④使用CSS内部样式表为页面添加样式。

a. 清除页面元素的内外边距。

b. 设置标题水平居中对齐,并设置内边距。

c. 设置水平线宽度,并设置水平线居中。注意,水平线不是文本,不能使用text-aglin,需要将它看作一个盒子。设置盒子的水平居中一般使用margin,左右为auto。

d. 设置表格大小和对齐方式。

e. 设置标题单元格的背景颜色和高度。

f. 设置单元格对齐方式和宽度。

⑤教学安排表页面完整代码见二维码13-7。

⑥点击教务网络管理系统页面相应的链接时,页面效果如图13-33所示。

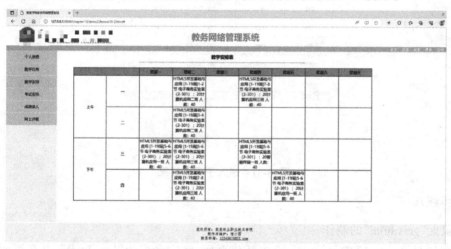

图13-33　页面最终效果

13.3.4　储备知识点

内嵌框架也叫浮动框架,是在浏览器窗口中嵌入子窗口,即将一个文档嵌入另一个网页中显示的方式。在互联网时代,iframe能将嵌入的文档与整个页面的内容融合成一个整体。与框架相比,内嵌框架更容易对网站导航进行控制,其最大的优点是灵活。

1. 内嵌框架<iframe>标记

创建包含另外一个文档的内联框架(即行内框架)。<iframe>标记是成对出现的,即以<iframe>开始,</iframe>结束,其基本语法格式如下。

<iframe src="" width="" height=""></iframe>

iframe元素和frame元素效果相同,但与frame元素有两点不同之处:一是<iframe>标记在body元素中使用,用于创建一个行内框架;二是它有开始标记和结束标记,可以将普通文本放入其中并作为元素内容。遇到不支持<iframe>标记的浏览器,会弹出警告窗口。<iframe>标记支持全局标准属性和全局事件属性。

2.<iframe>标记的属性

HTML5中对<iframe>标记的支持只限于src属性。<iframe>标记的属性src、frameborder、marginheight、marginwidth和scrolling属性与<frame>标记相同,但增加了height和width属性。各种属性及含义见表13-3。

表13-3 内嵌框架属性

属性	描述	值
src	设置源文件的地址	URL
width	设置内嵌框架窗口宽度	pixels %
height	设置内嵌框架窗口高度	pixels %
bordercolor	设置边框颜色	color
align	设置框架对齐方式	left right top middle bottom
name	设置框架名称,是链接标记的target所需参数	frame_name
scrolling	设置是否显示滚动条;默认为auto,表示根据需要自动出现	yes no auto
frameborder	设置框架边框	0 1
framespacing	设置框架边框宽度	pixels
marginheight	设置内容与窗口上下边缘的边距	默认为1 pixels
marginwidth	设置内容与窗口左右边缘的距离	默认为1 pixels

(1)src属性

该属性规定在iframe中显示的文件的路径和文件名。此文件是框架窗口的初始内容,当浏览器加载完网页文档时,就会加载框架窗口的初始文档。

src属性中指定文件的路径可以是绝对地址,也可以是相对地址。

①绝对URL:指向其他站点(比如src="www.chapter.com/index.html")。

②相对URL:指向站点内的文件(比如src="demo_iframe.html")。

该属性的基本语法格式如下。

```
<html>
<body>
    <iframe src ="demo_iframe.html">
        <p>Your browser does not support iframes.</p>
    </iframe>
</body>
</html>
```

(2)width属性和height属性

在HTML中，可以使用width和height属性规定内嵌框架的宽度和高度，属性值可以为像素或百分比。

例如，在下面的案例中，将demo_iframe.html网页嵌入框架中，内嵌窗口的宽为500 px，高为300 px，其运行效果如图13-34所示。

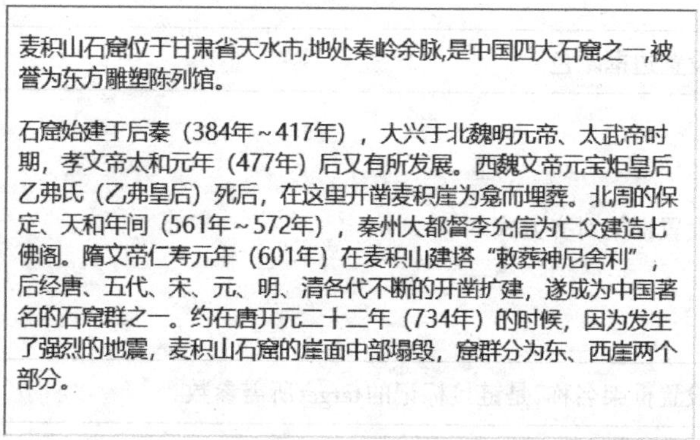

麦积山石窟位于甘肃省天水市，地处秦岭余脉，是中国四大石窟之一，被誉为东方雕塑陈列馆。

石窟始建于后秦（384年~417年），大兴于北魏明元帝、太武帝时期，孝文帝太和元年（477年）后又有所发展。西魏文帝宝炬皇后乙弗氏（乙弗皇后）死后，在这里开凿麦积崖为龛而埋葬。北周的保定、天和年间（561年~572年），秦州大都督李允信为亡父建造七佛阁。隋文帝仁寿元年（601年）在麦积山建塔"敕葬神尼舍利"，后经唐、五代、宋、元、明、清各代不断的开凿扩建，遂成为中国著名的石窟群之一。约在唐开元二十二年（734年）的时候，因为发生了强烈的地震，麦积山石窟的崖面中部塌毁，窟群分为东、西崖两个部分。

图13-34　运行效果

也可以使用百分比为单位。例如，在下面的案例中，将demo_iframe.html网页嵌入框架中，同时定义内嵌窗口的宽度为所在元素当前宽度的80%，高度为所在元素当前高度的60%，代码运行后的效果如图13-35所示。

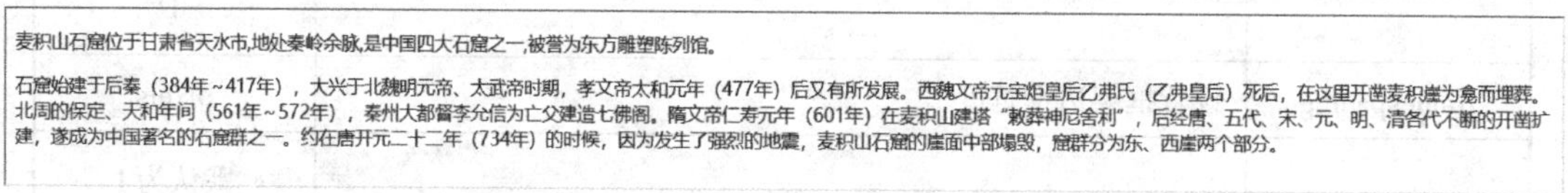

麦积山石窟位于甘肃省天水市，地处秦岭余脉，是中国四大石窟之一，被誉为东方雕塑陈列馆。
石窟始建于后秦（384年~417年），大兴于北魏明元帝、太武帝时期，孝文帝太和元年（477年）后又有所发展。西魏文帝宝炬皇后乙弗氏（乙弗皇后）死后，在这里开凿麦积崖为龛而埋葬。北周的保定、天和年间（561年~572年），秦州大都督李允信为亡父建造七佛阁。隋文帝仁寿元年（601年）在麦积山建塔"敕葬神尼舍利"，后经唐、五代、宋、元、明、清各代不断的开凿扩建，遂成为中国著名的石窟群之一。约在唐开元二十二年（734年）的时候，因为发生了强烈的地震，麦积山石窟的崖面中部塌毁，窟群分为东、西崖两个部分。

图13-35　嵌入并定义内嵌窗口尺寸的效果

(3)name属性

该属性用于规定iframe的名称。<iframe>标记的name属性用于在JavaScript中引用元素，或者作为链接目标target属性控制内嵌框架窗口以打开不同的页面。name属性不会影响框架的显示效果。

例如，在下面的案例中将内嵌窗口初始的页面设置为demo_iframe.html，内嵌窗口的name值设置为iframe_a，创建超链接，使用target属性将iframe元素的name属性关联，通过点击超链接"教务网络管理系统"在内嵌窗口中打开教务网络管理系统页面，代码运行效果如图13-36所示。

图13-36 内嵌窗口打开教务网络管理系统页面

（4）align属性（不赞成）

align属性用于规定iframe相对于周围元素的水平和垂直对齐方式。因为iframe元素是行内元素，即不会在页面上插入新行，这意味着文本和其他元素可以围绕在其周围，所以align属性可以规定iframe相对于周围元素的对齐方式。

（5）frameborder属性

frameborder属性规定是否显示iframe周围的边框，但出于实用性方面的考虑，最好不要设置该属性，而是使用CSS来设置是否显示边框。

（6）scrolling属性

该属性用于规定是否在iframe中显示滚动条，默认情况下，如果内容超出了iframe，则iframe中就会出现滚动条。

①auto：在需要的情况下出现滚动条（默认值）。

②yes：始终显示滚动条（即使不需要）。

③no：从不显示滚动条（即使需要）。

例如，在下面的案例中第一个内嵌框架设置显示滚动条，第二个内嵌框架设置不显示滚动条，代码的运行效果如图13-37所示。

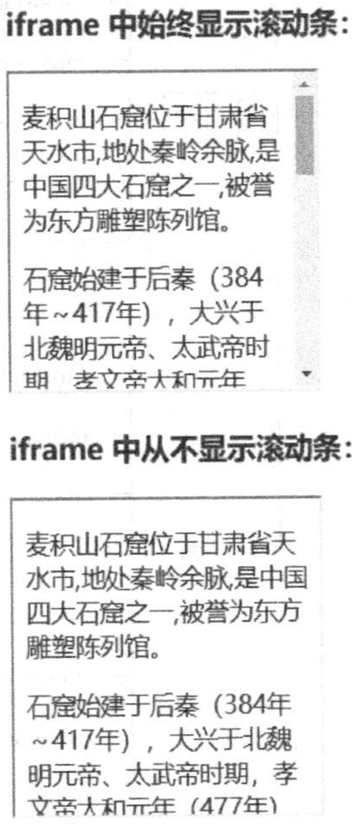

图13-37 滚动条设置效果

项目 14
"最美天水旅游"页面制作

14.1 学习目标

①理解过渡属性,能够控制过渡时间、动画快慢等常见过渡效果。
②掌握CSS3中的变形属性,能够制作2D变形和3D变形效果。
③掌握CSS3中的动画属性,能够熟练制作网页中常见的动画效果。
CSS3变形、过渡和动画属性的知识导图如图14-1所示。

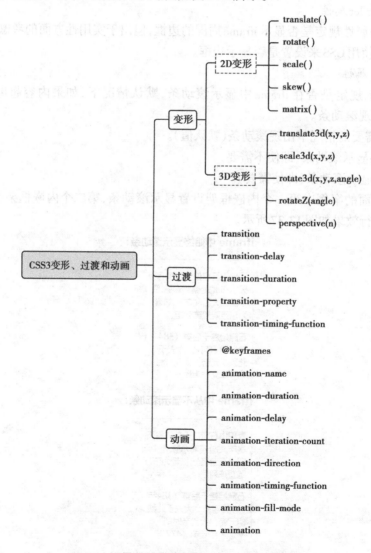

图14-1　CSS3变形、过渡和动画属性的知识导图

14.2 实训任务

14.2.1 实训内容

使用HTML5布局元素完成页面设置,通过CSS3动画效果完成轮播图的制作;使用表单元素完成登录窗口模块;使用CSS3变形等效果完成景点图片动态效果;最终效果如图14-2所示。

图14-2 页面效果

14.2.2 设计思路

使用HTML5布局元素和CSS3属性完成"最美天水旅游"页面的制作。页面整体布局主要分为三个部分,包括header、main、footer。在header元素中包含水平导航和轮播图;在main元素中包含四个内容,即一个设置圆角的文本模块、一个带有动态效果的景区展示模块、一个登录窗口和一个文本模块。页面关系如图14-3所示。

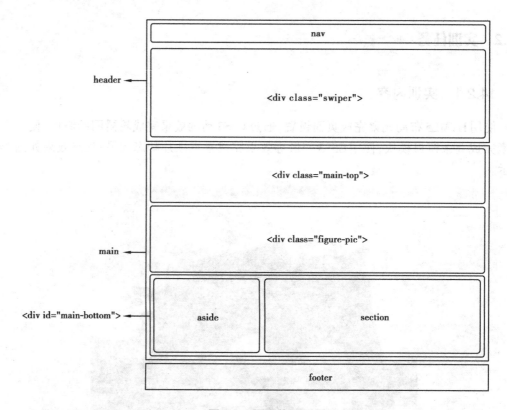

图14-3 页面关系

14.2.3 实施步骤

1. 步骤一

创建"最美天水旅游"页面。

①新建项目chapter14。

②在项目chapter14内新建"最美天水旅游"页面,将它命名为"lesson14.html",如图14-4所示。

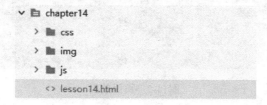

图14-4 项目结构

2. 步骤二

设置页面标题为"最美天水旅游",在body元素中依次插入header元素、main元素和footer元素,设置如图14-5所示。

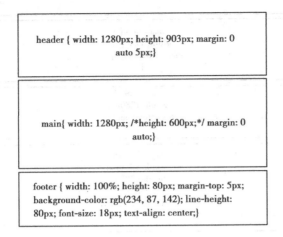

图14-5 基本设置

3. 步骤三

在 header 元素中添加 nav 元素，在 nav 元素中添加 ul 元素完成导航链接，设置如图 14-6 所示。

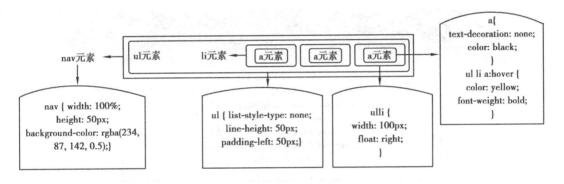

图14-6 nav 元素中的设置

4. 步骤四

在 nav 元素之后添加<div class="swiper">，在其中插入 ul 元素，制作轮播图，具体属性设置参照源代码。

①使用 div+ul+li 的页面布局方式(div 的宽度和 li 的宽度相同)。

②在 ul 中横向排列五个 li 元素(ul 的宽度≥5 个 li 元素的和)，排列顺序为：轮播图 3→轮播图 1→轮播图 2→轮播图 3→轮播图 1(为了滑动的连贯性不会出现倒滑现象做此设置)；要设置 ul 的默认左边距，使页面默认显示第二个 li 元素(也就是轮播图 1)。

③使 ul 进行动画移动，并利用属性 "overflow: hidden" 使 li 依序显示出现轮滑效果。

5. 步骤五

在 main 元素中依次添加<div class="main-top">、<div class="figure-pic">和<div class="main-bottom">，设置如图 14-7 所示。

```
.main-top {
width: 1280px;
margin-bottom: 5px;
}
```

```
.figure-pic {
width: 1280px;
text-align: center;
}
```

```
.main-bottom {
width: 1280px;
height: 280px;
clear: left;
margin-top: 10px;
}
```

图14-7　main元素中的基本设置

6. 步骤六

给<div class="main-top">添加段落元素，并设置其相关属性，使边框效果显示为圆角，设置如图14-8所示。

```
#p1{
background-color: rgb(234, 87, 142);
padding: 15px 70px;
font-size: 24px; font-family: "黑体";
border-radius: 8em 0; text-indent: 2em;
text-align: left;
}
```

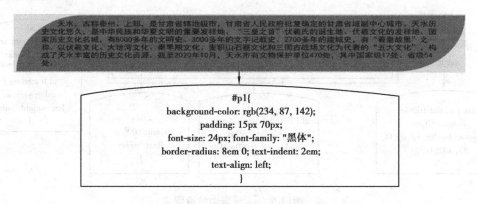

图14-8　段落元素中的相关设置

7. 步骤七

在<div class="figure-pic">元素中插入五个<div class="pic">元素，每个<div class="pic">元素中包含一个<div><img src=""></div>和一个<div class="text">；当鼠标经过图片时，图片放大到原来的1.6倍，并在图片下方位置出现一个文本块。设置如图14-9所示。

8. 步骤八

在<div class="main-bottom">中依次插入aside元素和section元素，设置两个元素为左右布局结构。在aside元素中添加表单控件，完成登录窗口设置；在section元素中添加文本内容，并设置文本样式。设置如图14-10所示。

14-1

9. 步骤九

在footer元素中添加文本内容即可。

最终html代码见二维码14-1。

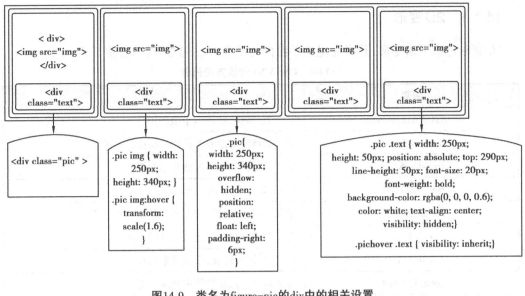

图14-9 类名为figure-pic的div中的相关设置

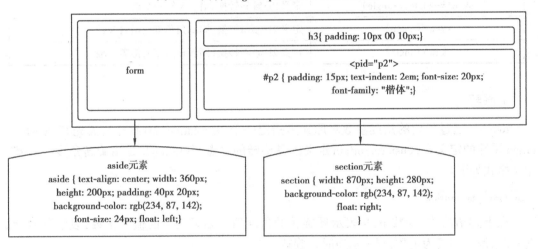

图14-10 类名为main-bottom的div中的相关设置

14.3 储备知识点

2012年9月,W3C组织发布了CSS3变形工作草案,这个草案包括了CSS3 2D变形和CSS3 3D变形。

CSS3变形是一系列效果的集合,如平移、旋转、缩放和倾斜等,每个效果都被称作变形函数(Transform Function),它们可以操控元素发生平移、旋转、缩放和倾斜等变化。这些效果在CSS3之前都需要图片、Flash或JavaScript才能完成。现在,使用纯CSS3就可以实现这些变形效果,而无须加载额外的文件。这极大地提高了网页开发者的工作效率,提高了页面的执行速度。

Transform在字面上的意思就是变形、改变。在CSS3中transform主要包括旋转rotate、扭曲skew、缩放scale和移动translate以及矩阵变形matri。根据变形效果的不同,又可以将变形分为2D变形和3D变形,下面将分别对这两种变形做具体讲解。

14.1.1 2D变形

2D变形也称平面变形,是指在视觉平面内的变化。CSS3 2D转换方法见表14-1。

表14-1 CSS3 2D 转换方法列表

函数	描述
matrix(n,n,n,n,n,n)	定义2D转换,使用六个值的矩阵
translate(x,y)	定义2D转换,沿着X轴和Y轴移动元素
translateX(n)	定义2D转换,沿着X轴移动元素
translateY(n)	定义2D转换,沿着Y轴移动元素
scale(x,y)	定义2D缩放转换,改变元素的宽度和高度
scaleX(n)	定义2D缩放转换,改变元素的宽度
scaleY(n)	定义2D缩放转换,改变元素的高度
rotate(angle)	定义2D旋转,在参数中规定角度
skew(x-angle,y-angle)	定义2D倾斜转换,沿着X轴和Y轴
skewX(angle)	定义2D倾斜转换(倾斜角角度),沿着X轴
skewY(angle)	定义2D倾斜转换(倾斜角角度),沿着Y轴

1. 旋转

rotate()通过指定的角度参数对原元素指定一个2D rotation(2D 旋转),需先有transform-origin 属性的定义。transform-origin 定义的是旋转的原点,其中 angle 是指旋转角度。其基本语法格式如下。

transform:rotate(angle);

在上述语法中,参数angle表示要旋转的角度值。如果设置的值为正数,表示顺时针旋转;如果设置的值为负数,则表示逆时针旋转。

例如,在example14-1.html 中rotate_Div 顺时针选择45 deg,运行效果如图14-11所示。案例代码见二维码14-2。

图14-11 rotate效果

2. 移动

移动translate可以分为三种情况:translate(x,y)表示水平方向和垂直方向同时移动(也就是X轴和Y轴同时移动);translateX(x)表示仅水平方向移动(X轴移动);同理,translateY(y)表示仅垂直方向移动(Y轴移动)。它的具体使用方法如下。

①translate():translate(x,y),它表示对象按照设定的x、y参数值进行平移,其中x指元素在水平方向上移动的距离,y指元素在垂直方向上移动的距离。如果省略了第二个参数,则取默认值0。当值为负数时,表示反方向移动元素,其原点默认为元素中心点,也可以根据transform-origin改变原点。

其基本语法格式如下。

transform:translate(x-value,y-value);

例如,example14-2.html中,使div从其当前位置向右移动50 px,并向下移动100 px,运行效果如图14-12所示。案例代码见二维码14-3。

图14-12　translate效果

②translateX(\<translation-value\>):通过给定的一个X轴方向上的数值,指定一个translation,即只向X轴移动元素,同样,其原点是元素中心点,也可以根据transform-origin改变原点位置。如transform:translateX(100px),其效果如图14-13所示。

③translateY(\<translation-value\>):通过给定Y轴方向的数目指定一个translation。只向Y轴进行移动,原点在元素中心点,可以通过transform-origin改变原点位置。如transform:translateY(20 px),效果如图14-14所示。

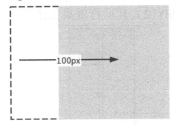
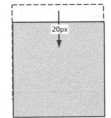

图14-13　translateX效果　　　　　图14-14　translateY效果

3.缩放

缩放scale和移动translate极其相似。缩放也有三种情况:scale(x,y)使元素在水平方向和垂直方向上同时缩放(也就是X轴和Y轴同时缩放);scaleX(x)使元素仅在水平方向缩放(X轴缩放);同理,scaleY(y)使元素仅在垂直方向缩放(Y轴缩放)。但不管哪种缩放方式,它们都具有相同的缩放中心点和基数。其中心点就是元素的中心位置,而缩放基数为1。如果缩放值大于1,元素就放大;反之,元素则缩小。下面具体看看这三种情况的具体使用方法。

①scale():提供执行[sx,,sy]缩放矢量的两个参数,以指定一个2D scale(2D缩放)。如果

第二个参数未提供,则取与第一个参数一样的值。scale(X,Y)用于对元素进行整体缩放,可以通过 transform-origin 设置元素的缩放原点,默认原点在元素的中心位置。其中,X 表示水平方向缩放的倍数,Y 表示垂直方向的缩放倍数。通常情况下,Y 是一个可选参数,如果没有设置 Y 值,则表示 X、Y 轴两个方向的缩放倍数是一样的,并以 X 轴为准。其基本语法格式如下。

```
transform:scale(x-axis,y-axis);
```

在上述语法中,x-axis 和 y-axis 参数值可以是正数、负数和小数。正数值表示基于指定的宽度和高度放大元素;但负数值并不会缩小元素,而是先实现元素翻转(如文字被反转),再缩放元素。

例如,在 example14-3.html 中,鼠标经过 div 时放大到原来的 1.5 倍,案例代码见二维码 14-4,代码运行效果如图 14-15 所示。

图 14-15　scale 效果

②scaleX(\<number>):使用[sx,1]缩放矢量执行缩放操作,其中 sx 为所需参数。scaleX 表示元素只在 X 轴(水平方向)上缩放元素,它的默认值是(1,1),其原点也位于元素的中心位置,同样可以通过 transform-origin 改变元素的原点。如 transform:scaleX(2),其运行效果如图 14-16 所示。

③scaleY(\<number>):使用[1,sy]缩放矢量执行缩放操作,其中 sy 为所需参数。scaleY 表示元素只在 Y 轴(垂直方向)上缩放元素,其原点同样是在元素中心位置,也可以通过 transform-origin 来改变元素的原点。如 transform:scaleY(2),其运行效果如图 14-17 所示。

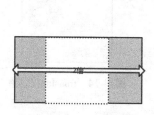
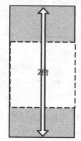

图 14-16　scaleX 效果　　　　图 14-17　scaleY 效果

4.扭曲

扭曲 skew 和 translate、scale 一样可分为三种情况:skew(x,y)使元素在水平和垂直方向同时扭曲(X 轴和 Y 轴同时按一定的角度值进行扭曲变形);skewX(x)仅使元素在水平方向上扭曲变形(X 轴扭曲变形);skewY(y)仅使元素在垂直方向上扭曲变形(Y 轴扭曲变形)。具体使用如下。

①skew():表示 X 轴、Y 轴上的 skew transformation(斜切变换)。第一个参数对应 X 轴,即

水平方向,第二个参数对应Y轴,即垂直方向。如果第二个参数未提供,则值默认为0,也就是Y轴方向上无斜切。斜切的原点同样是元素的中心,也可以通过transform-origin来改变元素的原点位置。其基本语法格式如下。

transform:skew(x-angle,y-angle);

在上述语法中,参数x-angle和y-angle表示角度值。

例如,在example14-4中,使skew_Div沿X轴倾斜20°,沿Y轴倾斜10°,案例代码见二维码14-5,代码的运行效果如图14-18所示。

图14-18　skew效果

②skewX(<angle>):按给定的角度沿X轴指定一个skew transformation(斜切变换)。skewX执行使用的原点及原点的调整与前面相同,如transform:skewX(45deg),其运行效果如图14-19所示。

图14-19　skewX效果

③skewY(<angle>):按给定的角度沿Y轴指定一个skew transformation(斜切变换)。skewY执行使用的原点及原点的调整与前面相同,如transform:skewY(45deg),其运行效果如图14-20所示。

5.矩阵matrix

matrix(<number>,<number>,<number>,<number>,<number>,<number>):以一个含六个值的(a,b,c,d,e,f)变换矩阵的形式指定一个2D变换,相当于直接应用一个[a b c d e f]变换矩阵,也就是基于水平方向(X轴)和垂直方向(Y轴)重新定位元素。此属性值使用涉及数学中的矩阵,在这里只简单介绍CSS3中的transform有这么一个属性值,大家如果感兴趣,可以通过其他书籍等渠道了解更深层次的martix使用方法,这里不再赘述。

图14-20　skewY效果

6.改变元素原点transform-origin

通过transform属性可以实现元素的平移、缩放、倾斜以及旋转效果,这些变形操作都是以元素的中心点为基准进行的,如果需要改变这个中心点,可以使用transform-origin属性。其基本语法格式如下。

transform-origin:x-axis y-axis z-axis;

在上述语法中，transform-origin 属性包含三个参数，其默认值分别为 50%、50% 和 0。各参数的具体含义见表14-2。

表14-2 transform-origin属性参数及其含义

参数	描述
x-axis	定义视图被置于X轴的何处；可能的值有：left、center、right、length、%
y-axis	定义视图被置于Y轴的何处；可能的值有：top、center、bottom、length、%
z-axis	定义视图被置于Z轴的何处；可能的值有：length

x 和 y 的值可以是百分值、em 和 px，其中 x 也可以是字符参数值 left、center 和 right；y 和 x 一样，除了百分值，还可以设置字符值 top、center 和 bottom。这看上去有点像在 background-position 的设置。下面列出了它们相对应的写法。

- top left|left top：等价于"0 0|0% 0%"。
- top|top center|center top：等价于"50% 0"。
- right top|top right：等价于"100% 0"。
- left|left center|center left：等价于"0 50%|0% 50%"。
- center|center center：等价于"50% 50%"（默认值）。
- right|right center|center right：等价于"100% 50%"。
- bottom left|left bottom：等价于"0 100%|0% 100%"。
- bottom|bottom center|center bottom：等价于"50% 100%"。
- bottom right|right bottom：等价于"100% 100%"。

其中，left、center 和 right 是水平方向取值，对应的百分值为"left=0%；center=50%；right=100%"。top、center 和 bottom 则是垂直方向的取值，其中"top=0%；center=50%；bottom=100%"；如果只取一个值，表示垂直方向的取值不变。

例如，在example14-9.html中，改变中心点后的旋转效果如图14-21所示，案例代码见二维码14-6。

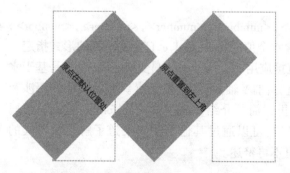

图14-21 改变中心点后的旋转效果

这里要提醒大家的一点是，transform-origin 并不是 transform 中的属性值，它具有自己的语法，也就是类似 background-position 的用法，但又有区别。因为 background-position 不需要区别浏览器内核的不同写法，但 transform-origin 跟其他的CSS3属性一样，需要在不同的浏览器内核中加上相应前缀。下面列出不同浏览器内核中的语法规则。

```
//Mozilla 内核浏览器:firefox3.5+
    -moz-transform-origin:x y;
//Webkit 内核浏览器:Safari and Chrome
    -webkit-transform-origin:x y;
//Opera
    -o-transform-origin:x y;
//IE9
    -ms-transform-origin:x y;
//W3C 标准
    transform-origin:x y;
```

transform在不同浏览器内核中的书写规则如下。

```
//Mozilla 内核浏览器:firefox3.5+
    -moz-transform:rotate|scale|skew|translate;
//Webkit 内核浏览器:Safari and Chrome
    -webkit-transform:rotate|scale|skew|translate;
//Opera
    -o-transform:rotate|scale|skew|translate;
//IE9
    -ms-transform:rotate|scale|skew|translate;
//W3C 标准
    transform:rotate|scale|skew|translate;
```

14.3.2 3D变形

2D变形是元素在X轴和Y轴的变化,而3D变形是元素围绕X轴、Y轴和Z轴的变化。相较于2D变形,3D变形更注重空间和位置的变化。CSS3中的3D变形主要包括以下几种功能函数。

- 3D位移:CSS 3中的3D位移主要包括translateZ( )和translate3d( )这两个功能函数。
- 3D旋转:CSS 3中的3D旋转主要包括rotateX( )、rotateY( )、rotateZ( )和rotate3d( )四个功能函数。
- 3D缩放:CSS 3中的3D缩放主要包括scaleZ( )和scale3d( )两个功能函数。
- 3D矩阵:CSS 3中3D变形和2D变形一样,也有一个3D矩阵功能函数matrix3d( )。

CSS3 3D转换方法见表14-3。

表14-3 CSS3 3D转换方法

函数	描述
matrix3d(n,n,n,n,n,n,n,n,n,n,n,n,n,n,n,n)	定义3D转换,使用16个值的4×4矩阵
translate3d(x,y,z)	定义3D转化
translateX(x)	定义3D转化,仅用于X轴的值
translateY(y)	定义3D转化,仅用于Y轴的值
translateZ(z)	定义3D转化,仅用于Z轴的值
scale3d(x,y,z)	定义3D缩放转换
scaleX(x)	定义3D缩放转换,给定一个X轴的值

续表

函数	描述
scaleY(y)	定义3D缩放转换,给定一个Y轴的值
scaleZ(z)	定义3D缩放转换,给定一个Z轴的值
rotate3d(x,y,z,angle)	定义3D旋转
rotateX(angle)	定义沿X轴的3D旋转
rotateY(angle)	定义沿Y轴的3D旋转
rotateZ(angle)	定义沿Z轴的3D旋转
perspective(n)	定义3D转换元素的透视图

1. 3D位移

在CSS3中,3D位移主要包括两种函数translateZ()和translate3d()。translate3d()函数使一个元素在三维空间移动。这种变形的特点是,使用三维向量的坐标定义元素在每个方向移动多少。

随着像素值的增加,直观效果上:

①X轴:从左向右移动。

②Y轴:从上向下移动。

③Z轴:以方框中心为原点,变大。

2. 3D旋转

在三维变形中,可以让元素在任何轴旋转。为此,CSS3新增了四个旋转函数:rotateX()、rotateY()、rotateZ()和rotate3d()。

随着度数的增加,直观效果上:

①X轴:以方框X轴,从下向上旋转。

②Y轴:以方框Y轴,从左向右旋转。

③Z轴:以方框中心为原点,顺时针旋转。

rotate3d()中的取值如下。

①x:是一个0~1的数值,主要用来描述元素围绕X轴旋转的矢量值。

②y:是一个0~1的数值,主要用来描述元素围绕Y轴旋转的矢量值。

③z:是一个0~1的数值,主要用来描述元素围绕Z轴旋转的矢量值。

注意:a是一个角度值,主要用来指定元素在3D空间旋转的角度。如果它为正值,表示元素顺时针旋转;反之,元素逆时针旋转。

①rotateX(a):函数功能等同于rotate3d(1,0,0,a)。

②rotateY(a):函数功能等同于rotate3d(0,1,0,a)。

③rotateZ(a):函数功能等同于rotate3d(0,0,1,a)。

a指的是一个旋转角度值;turn表示圈,1 turn = 360 deg;另外还有弧度rad,2π rad = 1 turn = 360 deg。如,"transform:rotate(2turn);"代码表示3D旋转两圈。

3. 3D 缩放

CSS3 中的 3D 缩放主要包括 scaleZ() 和 scale3d() 两个功能函数,通过使用 3D 缩放函数,可以让元素在 Z 轴上按比例缩放。函数值默认值为 1,当值大于 1 时,元素放大;反之,小于 1 大于 0.01 时,元素缩小。当 scale3d() 中 X 轴和 Y 轴同时为 1,即 scale3d(1,1,sz),其效果等同于 scaleZ(sz)。

随着放大倍数的增加,直观效果上:
①X 轴:以方框 Y 轴,左右变宽。
②Y 轴:以方框 X 轴,上下变高。
③Z 轴:看不出变换。

scaleZ() 和 scale3d() 函数单独使用时没有任何效果,需要配合其他变形函数一起使用才能实现。

4. 3D 矩阵

CSS3 中的 3D 矩阵要比 2D 中的矩阵复杂得多,从二维到三维是从 4 到 9;而在矩阵里头是 3×3 变成 4×4,即从 9 到 16。但对 3D 矩阵而言,其本质上的很多东西都与 2D 是相通的,只是复杂程度不一样。3D 矩阵即透视投影,其推算方法与 2D 矩阵类似。

5. 3D Transform 转换属性

参考表 14-4 的内容,理解 3D Transform 转换属性的应用。

表14-4　3D Transform转换属性

属性	描述
transform	向元素应用 2D 或 3D 转换
transform-origin	允许改变被转换元素的位置
transform-style	规定被嵌套元素如何在 3D 空间中显示
perspective	规定 3D 元素的透视效果
perspective-origin	规定 3D 元素的底部位置
backface-visibility	定义元素在不面对屏幕时是否可见

①transform-origin 属性。

和 2D 一样,transform-origin 可以设置变形的原点。默认变形的原点在元素的中心点,或者是元素 X 轴和 Y 轴的 50% 处。在没有使用 transform-origin 改变元素原点位置的情况下,CSS 变形进行的旋转、移位、缩放等操作都是以元素自己的中心(变形原点)位置进行变形的。但很多时候,需要在不同的位置对元素进行变形操作,就可以使用 transform-origin 来改变元素的原点位置。其基本语法格式为:

transform-origin:x-axis y-axis z-axis;

2D 变形中的 transform-origin 属性可以是一个参数值,也可以是两个参数值。如果是两个参数值,第一个值设置水平方向 X 轴的位置,第二个值是用来设置垂直方向 Y 轴的位置。

而 3D 变形中的 transform-origin 属性还包括 Z 轴的第三个值。其各个值的取值简单说明如下。

- x-offset：用来设置 transform-origin 水平方向 X 轴的偏移量，可以使用<length>和<percentage>值；同时，也可以是正值（从中心点沿水平方向 X 轴向右偏移量）或负值（从中心点沿水平方向 X 轴向左偏移量）。
- offset-keyword：是 top、right、bottom、left 或 center 中的一个关键词，可以用来设置 transform-origin 的偏移量。
- y-offset：用来设置 transform-origin 属性在垂直方向 Y 轴的偏移量，可以使用<length>和<percentage>值；同时，也可以是正值（从中心点沿垂直方向 Y 轴向下的偏移量）或负值（从中心点沿垂直方向 Y 轴向上的偏移量）。
- x-offset-keyword：是 left、right 或 center 中的一个关键词，可以用来设置 transform-origin 属性值在水平方向的 X 轴的偏移量。
- y-offset-keyword：是 top、bottom 或 center 中的一个关键词，可以用来设置 transform-origin 属性值在垂直方向的 Y 轴的偏移量。
- z-offset：用来设置 3D 变形中 transform-origin 远离用户眼睛视点的距离，默认值 z=0，其取值可以用<length>设置，不过无法使用<percentage>来表示。

②transform-style 属性。

transform-style 属性规定如何在 3D 空间中呈现被嵌套的元素。该属性必须与 transform 属性一同使用。其基本语法格式为：

transform-style:flat|preserve-3d;

其中，flat 值为默认值，表示所有子元素在 2D 平面呈现；preserve-3d 表示所有子元素在 3D 空间中呈现。

也就是说，如果对一个元素设置了 transform-style 的值为 flat，则该元素的所有子元素都将被平展到该元素的 2D 平面中呈现。沿着 X 轴或 Y 轴方向旋转该元素将导致位于正或负 Z 轴位置的子元素显示在该元素的平面上，而不是它的前面或者后面。如果对一个元素设置了 transform-style 的值为 preserve-3d，它表示不执行平展操作，而它的所有子元素会位于 3D 空间中。

注意：transform-style 属性需要设置在父元素中，并且高于任何嵌套的变形元素。

例如，在 example14-10.html 中要使 div2 在 3D 空间中呈现，案例代码见二维码 14-7，代码的运行效果如图 14-22 所示。

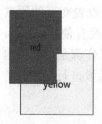 

图 14-22　example14-10.html 代码运行效果

③perspective 属性。

perspective 属性对于 3D 变形来说至关重要。该属性会设置查看者的位置，并将可视内容映射到视锥上,继而投到2D视平面上。如果不指定透视,则Z轴空间中的所有点将平铺到同一个2D视平面中,并且变换结果中将不存在景深。

如果对此不容易理解,可以换一个思路来思考。其实对于perspective属性,可以简单地将它理解为视距,用来描述用户和元素3D空间Z平面之间的距离。距离效果由它的值来决定,值越小,表示用户与3D空间Z平面距离越近,用户看到的效果更令人印象深刻;反之,值越大,表示用户与3D空间Z平面距离越远,用户看到的效果就很小。其基本语法格式为:

```
perspective:none|<length>
```

perspective属性包括两个:none和具有单位的长度值。其中,perspective属性的默认值为none,表示不管从哪个角度看3D物体,它看上去都是平的。另一个值<length>接受一个长度单位大于0的值,而且其单位不能为百分比值。<length>值越大,角度出现得越远,从而创建一个相当低的强度和非常小的3D空间变化;反之,值越小,角度出现得越近,从而创建一个高强度的角度和一个大型的3D变化。

依据上面的介绍,可对perspective取值给出一个简单的结论。
- perspective取值为none或不设置,就没有真3D空间。
- perspective取值越小,3D效果就越明显,也就是用户的眼睛越靠近真3D。
- perspective的值无穷大或值为0时,与取值为none的效果一样。

例如,在example14-11.html中要设置div1的子元素div2获得透视效果,案例代码见二维码14-8,代码的运行效果如图14-23所示。

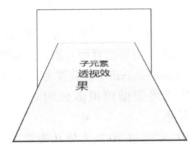

图14-23　example14-11.html代码运行效果

④perspective-origin属性。

perspective-origin属性是3D变形中的另一个重要属性,主要用来决定perspective属性的源点角度。它实际上设置了X轴和Y轴位置,在该位置观看者好像在观看该元素的子元素。其基本语法格式为:

```
perspective-origin:[<percentage> | <length> |left|center|right|top|bottom]|[[<percentage> | <length> |left|center|right] && [<percentage>|<length>|top|center|bottom]]
```

该属性的默认值为"50% 50%"(也就是center),它可以设置为一个值,也可以设置为两个长度值。

第一个长度值指定相对于元素包含框的X轴上的位置。它可以是长度值(以受支持的长度单位表示)、百分比或以下三个关键词之一——left(表示在包含框的X轴方向长度的0%)、center(表示中间点)或right(表示长度的100%)。

第二个长度值指定相对于元素包含框的Y轴上的位置。它可以是长度值、百分比或以下三个关键词之一——top(表示在包含框的Y轴方向长度的0%)、center(表示中间点)或bottom

（表示长度的100%）。

例如，在example14-8.html中要设置perspective-origin属性效果，案例代码见二维码14-9，代码运行效果如图14-24所示。

注意，为了指示转换子元素变形的深度，perspective-origin属性必须定义在父元素上。通常perspective-origin属性本身不发挥任何作用，它必须被定义在设置了perspective属性的元素上。换句话说，perspective-origin属性需要与perspective属性结合起来使用，以便将视点移至元素中心以外的位置。

14-9

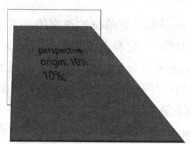

图14-24　example14-8.html代码运行效果

⑤backface-visibility属性。

backface-visibility属性决定元素旋转背面是否可见。对于未旋转的元素，该元素的正面面向观看者。当其Y轴旋转约180°时会导致元素的背面面对观众。其基本语法格式为：

backface-visibility:visible|hidden

其中，visible为backface-visibility的默认值，表示反面可见；hidden表示反面不可见。

backface-visibility属性可用于隐藏内容的背面。默认背面可见，这意味着即使在翻转后，旋转的内容仍然可见。但当backface-visibility被设置为hidden时，旋转后内容将隐藏，因为旋转后正面将不再可见。该功能可帮助模拟多面的对象。将backface-visibility设置为hidden，可以确保只有元素正面可见。

例如，在example14-9.html中，要通过3D立方体从视觉上区分backface-visibility取值为hidden和visible的情况，案例代码见二维码14-10，代码运行效果如图14-25所示。

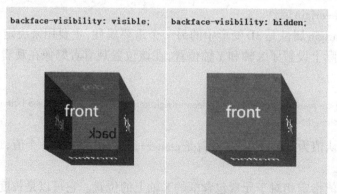

14-10

图14-25　代码运行效果

14.3.3 过　渡

在网页设计中，过渡效果可以让元素从一种状态慢慢转换到另一种状态，例如渐显、渐隐、动画的加快减慢等。要让元素实现过渡效果，就需要为元素设置过渡属性，在CSS3中提供了多种过渡属性，见表14-5。

表14-5　CSS3过渡属性

属性	描述
transition-delay	规定过渡效果的延迟（以秒计）
transition-duration	规定过渡效果要持续多少秒或毫秒
transition-property	规定过渡效果所针对的CSS属性的名称
transition-timing-function	规定过渡效果的速度曲线
transition	简写属性，用于将四个过渡属性设置为单一属性

1.transition-delay属性

transition-delay属性规定过渡效果从何时开始，默认值为0，常用单位是秒（s）或者毫秒（ms）。transition-delay的属性值可以为正整数、负整数和0。当设置为负数时，过渡动作会从该时间点开始，之前的动作被截断；设置为正数时，过渡动作会延迟触发。其基本语法格式如下。

```
transition-delay:time;
```

2.transition-duration属性

transition-duration属性用于定义过渡效果花费的时间，默认值为0，常用单位是秒（s）或者毫秒（ms）。其基本语法格式如下。

```
transition-duration:time;
```

3.transition-property属性

transition-property属性用于指定应用过渡效果的CSS属性的名称，其过渡效果通常在用户将指针移动到元素上时发生。当指定的CSS属性改变时，过渡效果才开始。其基本语法格式如下。

```
transition-property:none|all|property;
```

在上面的语法格式中，transition-property属性的取值包括none、all和property，具体说明见表14-6。

表14-6　transition-property属性值

属性值	描述
none	没有属性会获得过渡效果
all	所有属性都将获得过渡效果
property	定义应用过渡效果的CSS属性名称，多个名称之间以逗号分隔

提示:
- 过渡效果通常在用户将鼠标指针悬停到元素上时发生。
- 请始终设置transition-duration属性,否则时长为0,就不会产生过渡效果。

4.transition-timing-function属性

transition-timing-function属性规定过渡效果的速度曲线,默认值为ease,其基本语法格式如下。

transition-timing-function:linear|ease|ease-in|ease-out|ease-in-out|cubic-bezier(n,n,n,n);

transition-timing-function属性的取值有很多,常见属性值及说明见表14-7。

表14-7 transition-timing-function常见属性值

属性值	描述
linear	指定以相同速度开始至结束的过渡效果,等同于cubic-bezier(0,0,1,1)
ease	指定以慢速开始,然后加快,最后慢慢结束的过渡效果,等同于cubic-bezier(0.25,0.1,0.25,1)
ease-in	指定以慢速开始,然后逐渐加快(淡入效果)的过渡效果,等同于cubic-bezier(0.42,0,1,1)
ease-out	指定以慢速结束(淡出效果)的过渡效果,等同于cubic-bezier(0,0,0.58,1)
ease-in-out	指定以慢速开始和结束的过渡效果,等同于cubic-bezier(0.42,0,0.58,1)
cubic-bezier(n,n,n,n)	定义用于加速或者减速的贝塞尔曲线的形状,它们的值在0~1

提示:cubic-bezier(x_1,y_1,x_2,y_2)函数定义了一个贝塞尔曲线(Cubic Bezier)。贝塞尔曲线由四个点P_0,P_1,P_2和P_3定义,其中P_0和P_3是曲线的起点和终点,$P_0(0,0)$表示初始时间和初始状态,$P_3(1,1)$表示最终时间和最终状态。

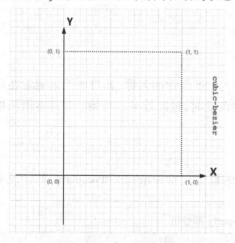

图14-26 贝塞尔曲线所处空间

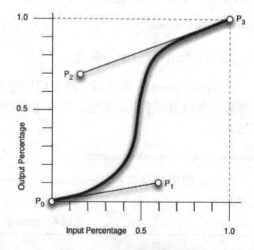

图14-27 某动画的速度曲线

根据图14-26、图14-27,cubic-bezier的取值范围如下。
- P_0:默认值(0,0)。
- P_1:动态取值(x_1,y_1)。

- P_2：动态取值(x_2,y_2)。
- P_3：默认值$(1,1)$。

需要关注的是点 P_1 和点 P_2 的取值，其中 X 轴的取值范围是 0~1，当取值超出范围时 cubic-bezier 失效；Y 轴的取值没有规定，当然也无须过大。

最直接的理解是，将以一条直线放在范围只有 1 的坐标轴中，并从中间拿出两个点来拉扯（X 轴的取值区间是[0,1]，Y 轴任意），最后形成的曲线就是动画的速度曲线。

5.transition 属性

transition 属性是复合属性，用于在属性中设置 transition-property、transition-duration、transition-timing-function、transition-delay 四个过渡属性。其基本语法格式如下。

```
transition:property duration timing-function delay;
```

在使用 transition 属性设置多个过渡效果时，它的各个参数必须按照顺序进行定义，不能颠倒。

例如，在 example14-10 中，要设置把鼠标指针悬停在蓝色的 div 元素上时就可以看到 width 过渡效果，鼠标指针悬停在红色的 div 元素上时就可以看到 border-radius 过渡效果，案例代码见二维码 14-11，代码运行效果如图 14-28 所示。（注：本例在 Internet Explorer 中运行无效）

图14-28　example14-10代码运行效果

14.3.4　动　画

动画（animation）是 CSS3 中具有颠覆性的特征之一，可通过设置多个节点来精确控制一个或一组动画，常用来实现复杂的动画效果。相比过渡，动画可以实现更多变化、更多控制、连续自动播放等效果。在实际开发中，因为浏览器兼容性的差异，有时还需要加"-moz-" "-webkit-""-o-"等前缀。动画涉及的属性见表 14-8。

表14-8　CSS3动画相关属性

属性	描述
@keyframes	规定动画模式
animation-delay	规定动画开始的延迟
animation-direction	规定动画是向前播放、向后播放还是交替播放
animation-duration	规定动画完成一个周期应花费的时间
animation-fill-mode	规定元素在不播放动画时的样式（在开始前、结束后或两者同时）

续表

属性	描述
animation-iteration-count	规定动画应播放的次数
animation-name	规定 @keyframes 动画的名称
animation-play-state	规定动画是运行还是暂停
animation-timing-function	规定动画的速度曲线
animation	设置所有动画属性的简写属性

1. @keyframes 属性

在 CSS3 中，@keyframes 规则用于创建动画。在 @keyframes 中规定某项 CSS 样式，就能创建由当前样式逐渐变为新样式的动画效果。@keyframes 属性的基本语法格式如下。

@keyframes animationname {keyframes-selector {css-styles;}}

在上面的语法格式中，@keyframes 属性包含的参数的具体含义如下。

①animationname：表示当前动画的名称，它将作为引用时的唯一标识，因此不能为空。

②keyframes-selector：关键帧选择器，即指定当前关键帧要应用到整个动画过程中的位置，其值可以是一个百分比、from 或者 to（表示范围）。其中，from 和 0% 效果相同表示动画的开始，to 和 100% 效果相同表示动画的结束。

③css-styles：定义执行到当前关键帧时对应的动画状态，由 CSS 样式属性进行定义，多个属性之间用分号分隔，不能为空。

2. animation-name 属性

animation-name 属性用于定义要应用的动画名称，为 @keyframes 动画规定名称。其基本语法格式如下。

animation-name:keyframename|none;

在上述语法中，animation-name 属性初始值为 none，适用于所有块元素和行内元素。keyframename 参数用于规定需要绑定到选择器的 keyframe 的名称，如果值为 none，则表示不应用任何动画，通常用于覆盖或者取消动画。

3. animation-delay 属性

animation-delay 属性用于定义执行动画效果之前延迟的时间，即规定动画什么时候开始。其基本语法格式如下。

animation-delay:time;

在上述语法中，参数 time 用于定义动画开始前等待的时间，其单位是 s 或者 ms，默认属性值为 0。animation-delay 属性适用于所有块元素和行内元素。

4. animation-direction 属性

animation-direction 属性定义当前动画播放的方向，即动画播放完成后是否逆向交替循环。其基本语法格式如下。

animation-direction:normal|alternate;

在上述语法格式中，animation-direction属性初始值为normal，适用于所有块元素和行内元素。该属性包括两个值，默认值normal表示动画每次都会正常显示；如果属性值是"alternate"，则动画会在奇数次数（1、3、5等）正常播放，而在偶数次数（2、4、6等）逆向播放。

5.animation-duration属性

animation-duration属性用于定义整个动画效果完成所需要的时间，以秒或毫秒计。其基本语法格式如下。

animation-duration:time;

在上述语法中，animation-duration属性初始值为0，适用于所有块元素和行内元素。time参数是以s或者ms为单位的时间，默认值为0，表示没有任何动画效果；当值为负数时，也被视为0。

6.animation-fill-mode属性

animation-fill-mode属性规定当动画不播放时（当动画完成时，或当动画有一个延迟未开始播放时），要应用元素的样式。

默认情况下，CSS动画在第一个关键帧播放完之前不会影响元素，在最后一个关键帧完成后停止影响元素。animation-fill-mode属性可重写该行为。其属性的具体描述见表14-9，其基本语法格式如下。

animation-fill-mode:none|forwards|backwards|both;

表14-9 animation-fill-mode 属性值

属性值	描述
none	默认值；动画在动画执行之前和之后不会应用任何样式到目标元素
forwards	在动画结束后（由 animation-iteration-count 决定），动画将应用该属性值
backwards	动画将应用在animation-delay定义期间启动动画的第一次迭代的关键帧中定义属性值；包括from关键帧中的值（当 animation-direction 为"normal"或"alternate"时）或to关键帧中的值（当 animation-direction 为"reverse"或"alternate-reverse"时）
both	动画遵循forwards和backwards的规则；也就是说，动画会在两个方向上扩展动画属性

7.animation-iteration-count属性

animation-iteration-count属性用于定义动画的播放次数，其基本语法格式如下。

animation-iteration-count:number|infinite;

在上述语法格式中，animation-iteration-count属性初始值为1，适用于所有块元素和行内元素；如果属性值为number，则用于定义播放动画的次数；如果是infinite，则指定动画循环播放。

8. animation-play-state属性

animation-play-state属性指定动画是否正在运行或已暂停,属性值包括paused(指定暂停动画)和running(指定正在运行的动画)。在JavaScript中使用此属性可在一个周期内暂停动画。其基本语法格式如下。

```
animation-play-state:paused|running;
```

9. animation-timing-function属性

animation-timing-function用来规定动画的速度曲线,可以定义使用哪种方式来执行动画效果。其基本语法格式如下。

```
animation-timing-function:value;
```

在上述语法中,animation-timing-function的默认属性值为ease,适用于所有块元素和行内元素。

animation-timing-function还包括linear、ease-in、ease-out、ease-in-out、cubic-bezier(n,n,n,n)等常用属性值,具体见表14-10。

表14-10 animation-timing-function常用属性值

属性值	描述
linear	动画从头到尾的速度是相同的
ease	默认;动画以低速开始,然后加快,在结束前变慢
ease-in	动画以低速开始
ease-out	动画以低速结束
ease-in-out	动画以低速开始和结束
cubic-bezier(n,n,n,n)	在cubic-bezier函数中自己的值;取值范围为0~1

10. animation属性

animation属性是一个简写属性,用于在一个属性中设置animation-name、animation-duration、animation-timing-function、animation-delay、animation-iteration-count和animation-direction共六个动画属性。其基本语法格式如下。

```
animation:name duration timing-function delay iteration-count direction;
```

在上述语法中,使用animation属性时必须指定animation-name和animation-duration属性,否则持续时间为0,并且永远不会播放动画。

项目 15
五角星的绘制（选修）

15.1 学习目标

①canvas 概述。
②canvas 绘图流程。
③绘制基本形状。
④绘制渐变形状。
⑤绘制变形形状。
⑥编辑形状。
⑦使用图像。
⑧绘制文字。
canvas 知识导图如图 15-1 所示。

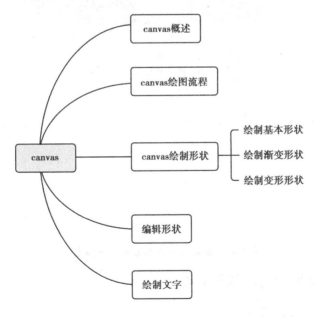

图 15-1　canvas 知识导图

15.2 实训任务

15.2.1 实训内容

本实训任务是使用canvas绘制标准五星红旗。

15.2.2 设计思路

国旗制法说明见二维码15-1,国旗制法图案如图15-2所示。

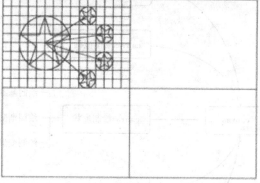

图15-2 五星红旗绘制效果及图案定位

五星红旗的绘制可以归纳为以下步骤。

1.绘制旗面(绘制红色矩形)

五星红旗为长方形,其中长与高的比为3∶2。

2.通过辅助线,确定大五角星的位置

首先将旗面分成相等的四个长方形;接着将左上方的长方形上下划为十等份,左右划为十五等份;最后确定大五角星的中心点在该长方形的上五下五、左五右十的位置。

3.绘制大五角星

第一步,以中心点为圆心,以三等分为半径作圆;在圆周上找出五个等距点,其中一个点必须在圆心的正上方;连接各点,即可绘制出大五角星。

第二步,确定小五角星的位置。小五角星的中心点分别为上二下八,左十右五;上四下六,左十二右三;上七下三,左十二右三;上九下一,左十右五。

第三步,绘制小五角星。首先以四个点为圆心,一等分为半径,画四个圆;然后连接大小五角星的中心点,确定第一个等距点;接着在四个小圆上找到其他等距点。

第四步,以绘制大五角星的方式绘制出小五角星,去掉辅助线,即可得到五星红旗。

15.2.3 实施步骤

1.步骤一:绘制旗面(绘制红色矩形)

如图15-3所示,五星红旗为长方形,其中长与高的比为3∶2,代码如下。

```
var canvas=document.getElementById("canvas");
var context=canvas.getContext("2d");
var width=canvas.width;
var height=width * 2 / 3;
context.fillStyle="#c8102e";
context.fillRect(0,0,width,height);
```

图15-3 绘制旗面

2.步骤二:通过辅助线,确定大五角星的位置

如图15-4所示,将旗面分成相等的四个长方形,将左上方的长方形上下划为十等份,左右划为十五等份,大五角星的中心点在该长方形的上五下五、左五右十的位置。代码如下。

```
//辅助线
var w=width / 30; //小网格的宽
context.strokeStyle="#000000"
context.moveTo(0,height/2)
```

```
context.lineTo(width,height/2);
context.stroke();
context.moveTo(width/2,0);
context.lineTo(width/2,height);
context.stroke();
//画网格,竖线
for (var j=0;j<15;j++) {
    context.moveTo(j*w,0);
    context.lineTo(j*w,height/2);
    context.stroke();
}
//画网格,横线
for (var j=0;j<10;j++) {
    context.moveTo(0,j*w);
    context.lineTo(width/2,j*w);
    context.stroke();
}
```

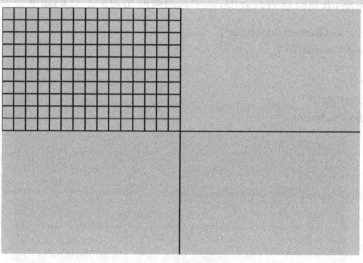

图15-4　绘制辅助线

3. 步骤三：绘制大五角星

以中心点为圆心，以三等分为半径作圆，在圆周上找出五个等距点，其中一个点必须在圆心的正上方，如图15-5所示。代码如下。

```
var maxR=0.15,minR=0.05;
var maxX=0.25,maxY=0.25;//大五星的位置
//画大圆
var ox=height*maxX,oy=height*maxY;
context.beginPath();
context.arc(ox,oy,maxR*height,0,Math.PI*2,false);
context.closePath();
context.stroke();
```

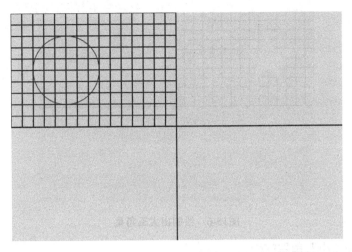

图15-5 绘制圆

连接各点,即可绘制出大五角星,如图15-6所示,代码如下。

```
create5star(context,ox,oy,height*maxR,"#FFDE00",0); //绘制五角星
//绘制五角星
/**
*创建一个五角星形状。该五角星的中心坐标为(sx,sy),中心到顶点的距离为 radius,rotate=0 时一个顶点
在对称轴上
*rotate:绕对称轴旋转 rotate 弧度
*/
function create5star(context,sx,sy,radius,color,rotato) {
    context.save();
    context.fillStyle=color;
    context.translate(sx,sy); //移动坐标原点
    context.rotate(Math.PI+rotato); //旋转
    context.beginPath(); //创建路径
    var x=Math.sin(0)
    var y=Math.cos(0);
    var dig=Math.PI/5*4;
    for (var i=0;i<5;i++) { //画五角星的五条边
        var x=Math.sin(i*dig);
        var y=Math.cos(i*dig);
        context.lineTo(x*radius,y*radius);
    }
    context.closePath();
    context.stroke();
    context.fill();
    context.restore();
}
```

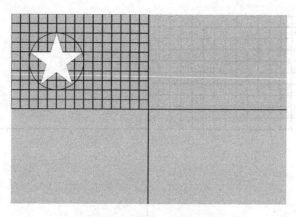

图15-6 绘制出大五角星

4.步骤四:确定小五角星的位置

通过之前的分析,按照分析的坐标确定小五角星的位置,并绘制小圆,如图15-7所示。代码如下。

```
var minX = [0.50,0.60,0.60,0.50];
var minY = [0.10,0.20,0.35,0.45]; //小五角星位置
//画小圆
for (var idx=0;idx<4;idx++) {
    context.beginPath();
    var sx=minX[idx]*height,
        sy=minY[idx]*height;
    context.arc(sx,sy,height*minR,0,Math.PI*2,false);
    context.closePath();
    context.stroke( );
}
```

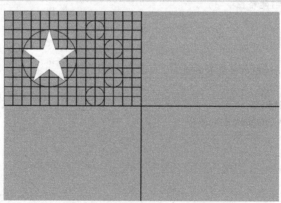

图15-7 绘制小五角星的位置

5.步骤五:绘制小五角星

以四个点为圆心,一等分为半径,画四个圆,连接大小五角星的中心点(图15-8),确定第一个等距点,然后在四个小圆上找到其他等距点。代码如下。

```
//大圆中心与小圆中心连接线
for (var idx=0;idx<4;idx++) {
    context.moveTo(ox,oy);
    var sx=minX[idx]*height,sy=minY[idx]*height;
    context.lineTo(sx,sy);
    context.stroke();
}
```

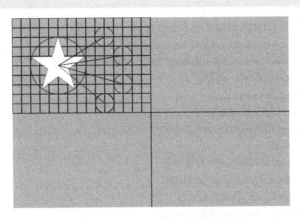

图15-8 连接大圆和小圆的中心点

以绘制大五角星的方式绘制出小五角星,如图15-9所示,代码如下。

```
//画小五角星
for (var idx=0;idx<4;idx++) {
    var sx=minX[idx]*height,
        sy=minY[idx]*height;
    var theta=Math.atan((oy-sy)/(ox-sx));
    create5star(context,sx,sy,height*minR,"#FFDE00",-Math.PI/2+theta);
}
```

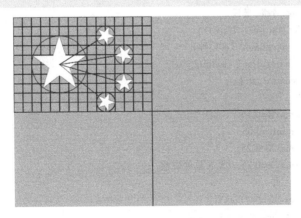

图15-9 绘制小五角星

6.步骤六:注释辅助线相关代码,得到五星红旗

代码如下。

```
<!DOCTYPEHTML>
```

```html
<html>
    <head>
        <meta charset="UTF-8">
        <title>中国标准国旗</title>
    </head>
    <body style="text-align:center;">
        <canvas id="canvas" width="600" height="400"></canvas>
        <script>
            //使用HTML5绘制标准五星红旗
            var canvas=document.getElementById("canvas");
            var context=canvas.getContext("2d");
            var width=canvas.width;
            var height=width*2/3;
            context.fillStyle="#c8102e";
            context.fillRect(0,0,width,height);
            //辅助线
            // var w=width/30; //小网格的宽
            // context.strokeStyle="#c8102e"
            // context.moveTo(0,height/2);
            // context.lineTo(width,height/2);
            // context.stroke();
            // context.moveTo(width/2,0);
            // context.lineTo(width/2,height);
            // context.stroke();
            // //画网格,竖线
            // for (var j=0;j<15;j++) {
            //   context.moveTo(j*w,0);
            //   context.lineTo(j*w,height/2);
            //   context.stroke();
            // }
            // //画网格,横线
            // for (var j=0;j<10;j++) {
            //   context.moveTo(0,j*w);
            //   context.lineTo(width/2,j*w);
            //   context.stroke();
            // }
            var maxR=0.15,
                minR=0.05;
            var maxX=0.25,
                maxY=0.25; //大五星的位置
            //画大圆
            var ox=height*maxX,
                oy=height*maxY;
            context.beginPath();
            //context.arc(ox,oy,maxR*height,0,Math.PI*2,false);
            context.closePath();
            context.stroke();
            create5star(context,ox,oy,height*maxR,"#FFDE00",0); //绘制五角星
            //绘制五角星
```

```
/**
*创建一个五角星形状.该五角星的中心坐标为(sx,sy),中心到顶点的距离为 radius,
rotate=0 时一个顶点在对称轴上
*rotate:绕对称轴旋转 rotate 弧度
*/
function create5star(context,sx,sy,radius,color,rotato) {
    context.save();
    context.fillStyle = color;
    context.translate(sx,sy); //移动坐标原点
    context.rotate(Math.PI + rotato); //旋转
    context.beginPath(); //创建路径
    var x=Math.sin(0);
    var y=Math.cos(0);
    var dig=Math.PI/5*4;
    for (var i=0;i<5;i++) { //画五角星的五条边
        var x=Math.sin(i*dig);
        var y=Math.cos(i*dig);
        context.lineTo(x*radius,y*radius);
    }
    context.closePath();
    context.stroke();
    context.fill();
    context.restore();
}
var minX=[0.50,0.60,0.60,0.50];
var minY=[0.10,0.20,0.35,0.45]; //小五角星位置
////画小圆
// for (var idx=0;idx<4;idx++) {
//     context.beginPath();
//     var sx=minX[idx]*height,
//         sy=minY[idx]*height;
//     context.arc(sx,sy,height*minR,0,Math.PI*2,false);
//     context.closePath();
//     context.stroke();
// }
////大圆中心与小圆中心连接线
// for (var idx=0;idx<4;idx++) {
//     context.moveTo(ox,oy);
//     var sx=minX[idx]*height,
//         sy=minY[idx]*height;
//     context.lineTo(sx,sy);
//     context.stroke();
// }
//画小★
for (var idx=0;idx<4;idx++) {
    var sx=minX[idx]*height,
        sy=minY[idx]*height;
    var theta=Math.atan((oy-sy)/(ox-sx));
    create5star(context,sx,sy,height*minR,"#FFDE00",-Math.PI/2+theta);
```

```
            }
        </script>
    </body>
</html>
```

15.3 储备知识点

15.3.1 canvas 概述

canvas 的中文译作"画布",是 HTML5 中新出的元素,用于简单图形的绘制。
canvas 的基本语法结构为:

```
<canvasid="myCanvas" width="200" height="100"></canvas>
```

其中,各参数的作用及取值如下。
- id 为 canvas 的标识,在 JavaScript 中用于脚本的调用。
- width 表示 canvas 画布的宽度,如 width="200" 表示画布的宽为 200,单位为 px。
- height 表示 canvas 画布的高度,如 height="100" 表示画布的高为 100,单位为 px。

示例:创建一个宽为 200 px,高为 100 px 的 canvas 画布,并设置 1 px 的黑色实线边框。如果使用的浏览器不支持 canvas 元素,则显示标记内的文字提示"您的浏览器不支持 HTML5 canvas 标记",代码运行效果如图 15-10 所示。

```
<!DOCTYPEhtml>
<html>
<head>
<meta charset="utf-8">
<title>mycanvas</title>
</head>
<body>
<canvasid="myCanvas" width="200" height="100" style="border:1pxsolidblack;">
您的浏览器不支持 HTML 5 canvas 标记。
</canvas>
</body>
</html>
```

图15-10 绘制矩形效果

由图 15-10 可知,canvas 本身是不具备绘画功能的,可以把 canvas 理解为一张画布,开发者可以通过特定的方式在画布上绘制所需形状。通常使用 JavaScript 在画布上绘制各种路径、矩形、圆形、字符以及添加各种图像。

15.3.2 canvas 坐标

canvas 是一个二维网格,通常 canvas 的左上角坐标为(0,0)。

比如,在上述步骤中使用的 fillRect 方法拥有参数(0,0,150,75),意思是在画布上绘制 150×75 的矩形,从左上角开始(0,0)。

15.3.3 canvas 的绘图流程

①获取 canvas 元素。

```
Var c=document.getElementById("myCanvas");
```

②调用 getContext 方法,提供字符串参数"2d"。

```
var ctx=c.getContext("2d");
```

该方法返回 CanvasRenderingContext2D 类型的对象,而该对象提供基本的绘图命令。

③使用 CanvasRenderingContext2D 对象提供的方法进行绘图。

15.3.4 基本绘图命令

使用到的基本绘图命令包括:ctx.moveTo(x,y),作用为设置开始绘图的位置;ctx.lineTo(x,y),作用为设置直线到的位置;ctx.stroke(),作用为描边绘制;ctx.fill(),作用为填充绘制;ctx.closePath(),作用为闭合路径。

15.3.5 canvas 绘制形状

1.绘制基本线条

代码如下,其运行效果如图 15-11 所示。

```
<!DOCTYPEhtml>
<html>
<head>
<meta charset="utf-8">
<title>mycanvas</title>
</head>
<body>
<canvasid="myCanvas" width="200" height="100" style="border:1pxsolid#d3d3d3;">
您的浏览器不支持 HTML 5 canvas 标记。</canvas>
<script>
varc=document.getElementById("myCanvas");
varctx=c.getContext("2d");
ctx.moveTo(0,0);
ctx.lineTo(200,100);
ctx.stroke();
</script>
</body>
</html>
```

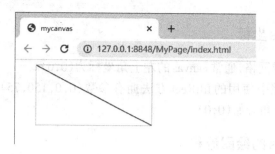

图15-11 绘制线条效果

通过以上代码,就可以绘制完成一条从(0,0)到(200,100)的直线。

在绘制完成基本线条后,需要考虑到线条的属性,比如线条的颜色、宽度、虚实等,如图 15-12、图 15-13 所示。

图15-12 线条颜色和宽度的设置效果　　　图15-13 线条样式的设置效果

设置线条颜色、宽度的代码如下。

```
//设置线条颜色
varctx=c.getContext("2d");
ctx.strokeStyle="red"
ctx.moveTo(400,400);
ctx.lineTo(600,600);
ctx.stroke();
//设置线条宽度
varctx=c.getContext("2d");
ctx.moveTo(400,400);
ctx.lineTo(600,400);
ctx.stroke();
ctx.beginPath()
ctx.moveTo(400,500);
ctx.lineTo(600,500);
ctx.lineWidth=10
ctx.stroke();
```

设置线条样式(如虚实)的代码如下。

```
//设置线条的虚实
ctx.moveTo(400,400);
ctx.lineTo(600,400);
//使用 setlineDash 方法来设置线条的虚实,其中参数以数组的形式给出[x,y]
//其中,x 表示实线段的长度,y 表示间隔的长度
ctx.setLineDash([10,15]);
ctx.stroke();
```

2.绘制矩形

canvas 中绘制矩形的接口有四个,分别是 rect( )、fillRect( )、strokeRect( )和 clearRect( ),具体方法及描述见表15-1,代码如下。

表15-1　绘制矩形的方法

方法	描述
rect( )	创建矩形
fillRect( )	绘制被填充的矩形
strokeRect( )	绘制无填充的矩形
clearRect( )	在给定的矩形区域内清除指定像素

```
<!DOCTYPEhtml>
<html>
<head>
<meta charset="utf-8">
<title>mycanvas</title>
</head>
<body>
<canvasid="myCanvas" width="800" height="800" style="border:1px solid #d3d3d3;">
您的浏览器不支持 HTML5 canvas 标记。</canvas>
<script>
varc=document.getElementById("myCanvas");
varctx=c.getContext("2d");
//使用 rect()方法创建一个矩形,参数分别为 x,y,w,h;
//其中 x,y 确定左上角矩形七点的位置;w,h 表示矩阵的宽和高。
ctx.rect(20,20,200,200)
ctx.stroke();
//使用 fillRect()方法绘制一个被填充的矩形,参数为 x,y,w,h。具体含义同 rect 方法。
//填充的颜色默认为黑色,如果需要修改,则需要使用 fillStyle 方法进行修改。
ctx.fillStyle="aquamarine"
ctx.fillRect(300,20,200,200)
//使用 strokeRect 绘制一个无填充的矩形,参数为 x,y,w,h,参数含义同 rect 方法。
ctx.strokeRect(350,75,100,100)
//在给定的矩形区域内清除指定的像素
ctx.clearRect(350,75,100,100)
</script>
</body>
</html>
```

3.绘制圆形

代码如下,效果如图 15-14 所示。

arc(centerx,centery,radius,startingAngle,endingAngle,anticlockwise=false)

其中的参数说明如下:

①centerx,centery:圆点坐标(x,y)。

②radius：半径。

③startingAngle：起始弧度。

④endingAngle：结束弧度。

⑤anticlockwise：可选参数。其中，false 表示顺时针，为默认值；true 表示逆时针。

```
<!DOCTYPEhtml>
<html>
<head>
<meta charset="utf-8">
<title>test</title>
</head>
<body>
<canvasid="myCanvas" width="200" height="100" style="border:1px solid#d3d3d3;">
您的浏览器不支持 HTML 5 canvas 标记。</canvas>
<script>
varc=document.getElementById("myCanvas");
varctx=c.getContext("2d");
ctx.beginPath();
ctx.arc(95,50,40,0,2*Math.PI);
ctx.stroke();
</script>
</body>
</html>
```

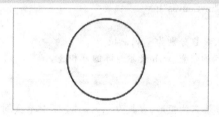

图15-14　绘制圆形效果

4. 绘制曲线（详细讲解见二维码15-2）

①方法一：arcTo( )。

arcTo(x_1, y_1, x_2, y_2, radius)即输入两点的坐标以及一个圆弧的半径，(x_1, y_1)为一个控制点，(x_2, y_2)为一个终止点。

②方法二：贝塞尔曲线。

贝塞尔曲线是依据四个位置的任意点坐标绘制出的一条光滑曲线。在历史上，研究贝塞尔曲线的人最初是按照已知曲线参数方程来确定四个点的思路，设计出这种矢量曲线绘制法的。贝塞尔曲线的有趣之处更在于它的皮筋效应，也就是说，随着点的有规律的移动，曲线将产生皮筋伸引一样的变换，带来视觉上的冲击。1962年，法国数学家皮埃尔·贝塞尔（Pierre Bézier）第一个研究了这种矢量绘制曲线的方法，并给出了详细的计算公式，因此按照这样的公式绘制出来的曲线就用他的姓氏来命名，是为贝塞尔曲线。

5.绘制渐变色

canvas渐变是一种用于填充或描边图形的颜色模式。渐变色是用不同的颜色进行过渡,而不是单一的颜色,如图15-15所示。

图15-15 渐变效果

渐变可以分为两种类型,一种是线性渐变,线性渐变以线性模式来改变颜色,也就是水平、垂直或对角方向的渐变;另一种是径向渐变,径向渐变以圆形模式来改变颜色,颜色以圆形的中心向外渐变。

实现渐变色的具体使用方法见二维码15-3。

6.canvas绘制文字

canvas不仅可以完成图形图像的绘制,还可以绘制文字。

fillText()方法是在画布上绘制填色的文本。文本的默认颜色是黑色。

绘制文本的基本语法结构为:

context.fillText(text,x,y,maxWidth);

具体参数值见表15-2。

表15-2 绘制文本方法的相关参数

参数	描述
text	规定在画布上输出的文本
x	开始绘制文本的X轴位置(相对于画布)
y	开始绘制文本的Y轴位置(相对于画布)
maxWidth	可选;允许的最大文本宽度,以像素计

参考文献

[1] 工业和信息化部教育与考试中心.Web前端开发:初级[M].北京:电子工业出版社,2019.

[2] 刘德山,章增安,孙美乔.HTML5+CSS3 Web前端开发技术[M].北京:人民邮电出版社,2016.

[3] 黑马程序员.网页设计与制作(HTML5+CSS3+JavaScript)[M].北京:中国铁道出版社,2018.

[4] 矫桂娥.网页设计与制作(HTML5+CSS3)[M].北京:中国铁道出版社,2017.

[5] 谢冠怀,林晓仪.HTML5+CSS3网页布局项目化教程[M].北京:中国铁道出版社,2017.